教材+教案+授课资源+考试系统+题库+教学辅助案例
一站式IT系列就业应用教程

Node.js核心技术教程

Node.js HEXIN JISHU JIAOCHENG

黑马程序员　编著

中国铁道出版社有限公司
CHINA RAILWAY PUBLISHING HOUSE CO., LTD.

内 容 简 介

Node.js 是一个可以用 JavaScript 语言编写服务器端程序的开发平台。近几年，Node.js 逐渐发展为一个成熟的开发平台，吸引了许多编程人员，有许多大型网站都采用 Node.js 进行开发。本书详细讲解 Node.js 中的核心技术，包括模块化编程、异步编程、文件操作、数据处理、网络编程等内容。本书采用理论与操作相结合的方式进行讲解，以增加该技术的实用性和可操作性。在最后一章，综合前面的技术进行实际的项目编写，帮助读者学以致用。

本书适合作为高等院校计算机相关专业程序设计类课程或者 Web 开发的教材，也可作为广大计算机编程爱好者的参考用书。

图书在版编目（CIP）数据

Node.js核心技术教程 / 黑马程序员编著. —北京：
中国铁道出版社，2017.4（2024.1重印）
国家信息技术紧缺人才培养工程指定教材
ISBN 978-7-113-22916-0

Ⅰ. ①N… Ⅱ. ①黑… Ⅲ. ①JAVA语言-程序设计-
高等学校－教材 Ⅳ. ①TP312.8

中国版本图书馆CIP数据核字（2017）第050426号

书　　名：Node.js 核心技术教程
作　　者：黑马程序员

策　　划：翟玉峰		编辑部电话：(010) 83517321
责任编辑：翟玉峰　彭立辉		
封面设计：徐文海		
封面制作：白　雪		
责任校对：张玉华		
责任印制：樊启鹏		

出版发行：中国铁道出版社有限公司（100054，北京市西城区右安门西街8号）
网　　址：http://www.tdpress.com/51eds/
印　　刷：三河市兴达印务有限公司
版　　次：2017年4月第1版　2024年1月第7次印刷
开　　本：787 mm×1 092 mm　1/16　印张：11　字数：215 千
印　　数：18 001～20 000 册
书　　号：ISBN 978-7-113-22916-0
定　　价：32.00 元

本书的创作公司——江苏传智播客教育科技股份有限公司（简称"传智教育"）作为我国第一个实现 A 股 IPO 上市的教育企业，是一家培养高精尖数字化专业人才的公司，主要培养人工智能、大数据、智能制造、软件开发、区块链、数据分析、网络营销、新媒体等领域的人才。传智教育自成立以来贯彻国家科技发展战略，讲授的内容涵盖了各种前沿技术，已向我国高科技企业输送数十万名技术人员，为企业数字化转型、升级提供了强有力的人才支撑。

传智教育的教师团队由一批来自互联网企业或研究机构，且拥有 10 年以上开发经验的 IT 从业人员组成，他们负责研究、开发教学模式和课程内容。传智教育具有完善的课程研发体系，一直走在整个行业的前列，在行业内树立了良好的口碑。传智教育在教育领域有两个子品牌：黑马程序员和院校邦。

一、黑马程序员——高端 IT 教育品牌

黑马程序员的学员多为大学毕业后想从事 IT 行业，但各方面的条件还达不到岗位要求的年轻人。黑马程序员的学员筛选制度非常严格，包括了严格的品德测试、技术测试、自学能力测试、性格测试、压力测试等。严格的筛选制度确保了学员质量，可在一定程度上降低企业的用人风险。

自黑马程序员成立以来，教学研发团队一直致力于打造精品课程资源，不断在产、学、研三个层面创新自己的执教理念与教学方针，并集中黑马程序员的优势力量，有针对性地出版了计算机系列教材百余种，制作教学视频数百套，发表各类技术文章数千篇。

二、院校邦——院校服务品牌

院校邦以"协万千院校育人、助天下英才圆梦"为核心理念，立足于中国职业教育改革，为高校提供健全的校企合作解决方案，通过原创教材、高校教辅平台、师资培训、院校公开课、实习实训、协同育人、专业共建、"传智杯"大赛等，形成了系统的高校合作模式。院校邦旨在帮助高校深化教学改革，实现高校人才培养与企业发展的合作共赢。

1. 为学生提供的配套服务

（1）请同学们登录"传智高校学习平台"，免费获取海量学习资源。该平台可以帮助同学们解决各类学习问题。

（2）针对学习过程中存在的压力过大等问题，院校邦为同学们量身打造了 IT 学习小助手——邦小苑，可为同学们提供教材配套学习资源。同学们快来关注"邦小苑"

微信公众号。

2. 为教师提供的配套服务

（1）院校邦为其所有教材精心设计了"教案＋授课资源＋考试系统＋题库＋教学辅助案例"的系列教学资源。教师可登录"传智高校教辅平台"免费使用。

（2）针对教学过程中存在的授课压力过大等问题，教师可添加"码大牛"QQ（2770814393），或者添加"码大牛"微信（18910502673），获取最新的教学辅助资源。

黑马程序员

Node.js 发展及概要

随着互联网行业的持续发展，移动互联网等新业务不断发展壮大，相应的业务平台的开发形成了大量的人才缺口，尤其是 Web 前端。JavaScript 作为 Web 前端的核心技术，现在更是可以用于编写后台程序，这种进步就是由 Node.js 带来的。Node.js 是一个 JavaScript 运行环境，其优点为方便搭建、响应速度快、易于扩展等。Node.js 已成为 Web 前端编程人员必须掌握的一门新兴技术。

本书在编写的过程中，结合党的二十大精神，在设计任务时优先考虑贴近实际工作，让学生在学习新兴技术的同时掌握日常问题的解决，提升学生解决问题的能力；在章节描述上加入素质教育的相关描述，引导学生树立正确的世界观、人生观和价值观，进一步提升学生的职业素养，落实德才兼备的高素质卓越工程师和技术技能人才的培养要求。此外。编者依据书中的内容提供了线上学习的视频资源，体现现代信息技术与教育教学的深度融合，进一步推动教育数字化发展。

为什么要学习《Node.js 核心技术教程》

一个优秀的 Web 开发工程师需要具备一定的综合素质才能胜任企业日益复杂多变的要求，全栈工程师（Full Stack Engineer）的概念开始兴起。全栈工程师要熟练处理各层间的交互。Node.js 出现后，用 JavaScript 语言既可以进行客户端开发，又可以进行服务器端开发，还可以与数据库交互。这样便大大减少了开发人员的学习成本，为程序开发创造了良好的条件。本书正是讲解 Node.js 的核心技术。

本书面向具有 JavaScript 基础的读者。请读者学习过 JavaScript 课程后学习。本书详细讲解了 Node.js 的基本知识和使用方法，力求将一些非常复杂、难以理解的思想和问题简单化，让读者能够轻松理解并快速掌握。本书对每个知识点都进行了深入分析，并针对每个知识点精心设计了相关案例，帮助读者理解和掌握 Node.js 的核心技术，提高读者的实践操作能力。

本书共分为 8 章，下面分别对每个章节进行简要介绍。

（1）第 1 章主要介绍了模块化编程。Node.js 是一个高度模块化的平台，学习模块化思想可以帮助读者更好地理解和使用 Node.js。

（2）第 2 章讲解了 Node.js 的安装配置和一些基础概念。通过学习本章，读者已

经准备好了开发环境和一些必备知识，为后面的核心技术奠定了基础。

（3）第 3 章讲解了异步编程和包资源管理。这也是 Node.js 中非常常见的操作。

（4）第 4 章主要讲解了 Node.js 文件操作。通过学习本章，读者可以很好地运用 Node.js 对文件进行读取、修改、复制等操作。

（5）第 5 章主要讲解了数据处理 I/O。数据与文件的处理是服务器端编程与客户端编程的本质区别所在，对于擅长前端编程的读者，应该重点掌握本章的内容，习惯用服务器端的思想来理解数据处理的问题。

（6）第 6 章主要讲解了网络编程的 Net 模块。通过学习本章，读者可以学会如何使用 Node.js 进行设备间数据的传输。

（7）第 7 章主要讲解网络编程的 HTTP 模块。通过学习本章，读者可以学会如何使用 Node.js 进行响应和请求的处理。

（8）第 8 章主要讲解了一个后台管理系统。通过学习本章，读者可以了解实际开发流程，实战用 Node.js 进行后台管理程序的编写。

在学习过程中，读者一定要亲自实践书中的案例代码。如果不能完全理解书中所讲知识，可以登录博学谷平台，通过平台中的教学视频进行深入学习。学习完一个知识点后，要及时在博学谷平台上进行测试，以巩固学习内容。另外，如果读者在理解知识点的过程中遇到困难，建议不要纠结于某个地方，可以先往后学习。通常来讲，看到后面对知识点的讲解或者其他小节的内容后，前面看不懂的知识点一般就能理解了。如果读者在动手练习的过程中遇到问题，建议多思考，理清思路，认真分析问题发生的原因，并在问题解决后多总结。

致谢

本书的编写和整理工作由传智播客教育科技股份有限公司完成，主要参与人员有高美云、韩冬、刘晓强等，全体人员在这近一年的编写过程中付出了很多辛勤的汗水，在此一并表示衷心的感谢。

意见反馈

尽管我们尽了最大的努力，但书中难免会有不妥之处，欢迎各界专家和读者朋友来信来函提出宝贵意见，我们将不胜感激。在阅读本书时，若发现任何问题或有不认同之处可以通过电子邮件与我们取得联系。

请发送电子邮件至 itcast_book@vip.sina.com。

黑马程序员

2023 年 12 月

目　录

第8章　综合项目——我的
音乐 147

第1章

模块化编程

网站开发中一些网页特效、数据处理等需要许多 JavaScript 代码进行支持，当开发越来越复杂时，会出现一些问题，例如命名冲突、烦琐的文件依赖等。为了解决这样的问题，JavaScript 模块化编程应运而生。本章将对 JavaScript 模块化编程进行详细讲解。

严谨务实，
精益求精

【教学导航】

学习目标	(1) 掌握模块化编程的概念 (2) 了解模块化编程的优势 (3) 了解模块化编程的演变 (4) 掌握常见的模块化解决方式
教学方式	以理论讲解、代码演示和案例效果展示为主
重点知识	(1) 理解模块化的设计思想 (2) 模块化程序的维护和扩展
关键词	模块化、全局函数、对象命名空间、函数的作用域

1.1 初识模块化思想

模块化是一种设计思想，利用模块化可以把一个非常复杂的系统结构细化到具体的功能点，每个功能点看作一个模块，然后通过某种规则把这些小的模块组合到一起，构成模块化系统。

1.1.1 模块化的概念

为了方便读者理解模块化的概念，先看一个现实生活中的模块化的例子，例如谷歌的模块化手机，如图 1-1 所示。

从图 1-1 可以看出，模块化手机分为多个模块，当某个模块损坏时就可以单独替换，也可以分模块进行手机升级。假如是一体机，某个部件损坏就要直接把手机换掉，这样的成本是不是很大？

图 1-1　模块化手机

从生产角度，模块化是一种生产方式，这种生产方式体现了两个特点：

（1）生产效率高：

- 灵活架构，焦点分离。
- 多人协作互不干扰。
- 方便模块间组合、分解。

（2）维护成本低：

- 可分单元测试。
- 方便单个模块功能调试、升级。

现在已经清楚了现实生活中的模块化，其实在程序中也有很多模块化的例子，例如程序中的常见日期模块（Date）、数学计算模块（Math）、日志模块、登录认证模块、报表展示模块等，所有模块组成一个程序软件系统。

同样，当某个模块出现问题时，只需要修改当前模块，而不影响其他模块的代码。程序模块化与现实生活中的模块化相似，从程序开发角度，模块化是一种开发模式，也有两个特点：

（1）开发效率高：方便代码重用，对于别人开发好的模块功能可以直接拿过来使用，不需要重复开发类似的功能。

（2）维护成本低：软件开发周期中，由于需求经常发生变化，最长的阶段并不是开发阶段，而是维护阶段，使用模块化开发的方式更容易维护。

1.1.2 模块化开发

了解了模块化后，读者可能有些疑问，模块化虽然有很多优势，但是它具体解决了编程人员在开发过程中的哪些问题？下面看一下非模块化开发会遇到哪些问题。

1. 命名冲突

在多人协作开发应用，或者使用第三方开发的 JavaScript 库的时候，通常会遇到命名冲突问题，例如全局变量中名称重复会报错，示例代码如下：

```
var  foo = 'bar';
var  foo = 'baz';
```

另外，如果引用第三方的 JavaScript 库，在全局对象中声明了一个属性 foo，自己的代码中也会声明同样名称的属性，两者一同使用的时候，后加载的属性值会替换之前的值，从而造成错误。

模块化开发的优点在于可以解决上述问题，让开发人员能很好地与他人协同，程序方面进行代码复用。那么，模块化是如何解决命名冲突的呢？在 1.2 节中会有详细讲解。

2. 文件依赖

在开发过程中，可能需要很多文件依赖，示例代码如下：

```
<!DOCTYPE html>
<html lang="en">
<head>
  <meta charset="UTF-8">
  <title> 文件依赖 </title>
</head>
<body>
  <script src="./ccc.js"></script>
  <script src="./a.js"></script>
  <script src="./b.js"></script>
  <script src="./c.js"></script>
  <script src="./d.js"></script>
  <script src="./aaa.js"></script>
</body>
</html>
```

从上述代码中，./aaa.js 是依赖于 ./a.js 文件的，但是从代码上并不能看出这样的关系。如果将 ./aaa.js 与 ./a.js 的前后位置调换，或者删除 ./a.js 文件，就会导致程序错误。

而在模块化开发中，会使用 JavaScript 代码来加载所需要的文件，并不需要将所有的文件引入到 HTML 文件中。

1.2 模块化编程的演变

使用非模块编程方式进行开发时，越大型的网站，命名冲突和文件依赖度越高，所以模块化编程对于大型网站来说具有重大的意义。那么，模块化编程是如何演变而来的呢？下面通过用不同的方式实现计算器的功能，一起来了解模块化编程的演变过程。

1.2.1 全局函数

首先从大多数人熟悉的编程习惯开始，假如现在要使用 JavaScript 实现一个计算器的案例，如图 1-2 所示。

在图 1-2 中，前两个文本框用于输入需要计算的数值，下拉菜单用于选择运算符，单击等号后，计算结果会出现在第三个文本框。

图 1-2　计算器

实现计算器第一种常见的写法是全局函数形式，示例代码如 demo1-1.html 所示。

demo1-1.html：

```
1   <!DOCTYPE html>
2   <html lang="en">
3   <head>
4     <meta charset="UTF-8">
5     <title>模块化开发演变 - 全局函数</title>
6   </head>
7   <body>
8     <input type="text" id="x">
9     <select name="" id="opt">
10     <option value="0">+</option>
11     <option value="1">-</option>
12     <option value="2">*</option>
13     <option value="3">/</option>
14    </select>
15    <input type="text" id="y">
16    <button id="cal">=</button>
17    <input type="text" id="result">
18    <script>
19    // 定义用于计算的函数
20     function add(x, y) {
21       return parseInt(x) + parseInt(y);
22     }
23
24     function subtract(x, y) {
25       return parseInt(x) - parseInt(y);
26     }
27
28     function multiply(x, y) {
29       return parseInt(x) * parseInt(y);
30     }
31
32     function divide(x, y) {
```

```
33        return parseInt(x) / parseInt(y);
34      }
35    // 获取所有的 DOM 元素
36    var oX = document.getElementById('x');          // 第一个数值
37    var oY = document.getElementById('y');          // 第二个数值
38    var oOpt = document.getElementById('opt')       // 获取运算符
39    var oCal = document.getElementById('cal');      // 获取等号按钮
40    var oResult = document.getElementById('result') // 结果数值
41    // 为等号按钮添加单击事件，当按钮被点击时调用此方法
42    oCal.addEventListener('click', function() {
43      var x = oX.value.trim()
44      var y = oY.value.trim()
45      var opt = oOpt.value
46      var result = 0
47      switch(opt) {
48        case '0':
49          result = add(x, y);          // 加
50          break;
51        case '1':
52          result = subtract(x, y);     // 减
53          break;
54        case '2':
55          result = multiply(x, y);     // 乘
56          break;
57        case '3':
58          result = divide(x, y);       // 除
59          break;
60      }
61      oResult.value = result
62
63    })
64  </script>
65 </body>
66 </html>
```

在上述代码中，首先获取需计算的数值、运算符、等号按钮和结果数值的 DOM（文档对象模型）元素，然后分别定义了 4 个用来计算加、减、乘、除的函数，最后为等号按钮添加单击事件，通过 switch 语句判断调用哪个计算方法。

全局函数这种编程方式很常见，但是不可取，因为所有的变量和函数都暴露在全局，无法保证全局变量不与其他模块的变量发生冲突。另外，全局函数形成的模块成员之间看不出直接关系。

1.2.2　对象命名空间

对于开发中使用全局函数出现的命名冲突问题，可以使用对象的命名空间来解决。下面为 demo1-1.html 的 4 个用于计算的函数添加命名空间，并将其封装到一个对象中，示例代码如 demo1-2.html 所示。

demo1-2.html：

```
1   <!DOCTYPE html>
2   <html lang="en">
3   <head>
4     <meta charset="UTF-8">
5     <title>模块化开发演变 - 对象命名空间</title>
6   </head>
7   <body>
8     <input type="text" id="x">
9     <select name="" id="opt">
10     <option value="0">+</option>
11     <option value="1">-</option>
12     <option value="2">*</option>
13     <option value="3">/</option>
14    </select>
15    <input type="text" id="y">
16    <button id="cal">=</button>
17    <input type="text" id="result">
18    <script>
19    /**
20     * 对象命名空间
21     */
22    var calculator = {}
23     // 加法
24    calculator.add = function(x, y) {
25      return parseInt(x) + parseInt(y);
26    }
27     // 减法
28    calculator.subtract = function(x, y) {
29      return parseInt(x) - parseInt(y);
30    }
31     // 乘法
32    calculator.multiply = function(x, y) {
33      return parseInt(x) * parseInt(y);
34    }
35     // 除法
36    calculator.divide = function(x, y) {
```

```
37        return parseInt(x) / parseInt(y);
38    }
39    // 获取所有的 DOM 元素
40    var oX = document.getElementById('x');
41    var oY = document.getElementById('y');
42    var oOpt = document.getElementById('opt');
43    var oCal = document.getElementById('cal');
44    var oResult = document.getElementById('result');
45  // 为等号按钮添加单击事件，当按钮被点击时调用此方法
46    oCal.addEventListener('click', function() {
47      var x = oX.value.trim();
48      var y = oY.value.trim();
49      var opt = oOpt.value;
50      var result = 0;
51      switch(opt) {
52        case '0':
53          result = calculator.add(x, y);
54          break;
55        case '1':
56          result = calculator.subtract(x, y);
57          break;
58        case '2':
59          result = calculator.multiply(x, y);
60          break;
61        case '3':
62          result = calculator.divide(x, y);
63          break;
64      }
65      oResult.value = result;
66    })
67    </script>
68  </body>
69  </html>
```

在上述代码中，从代码层面可以知道哪些函数属于同一个模块，用于计算的 4 个函数的命名冲突问题也解决了，但是如果再定义一个名称为 calculator 的命名空间还是会报错。由此可见，只是从理论意义上减少了命名冲突的问题，但是命名冲突还是存在，而且这种方式是内部成员的状态可以随意被外部改写，不安全。

另外，在实际开发中经常出现子命名空间的情况，示例代码如下：

```
calculator.subcal = {}
calculator.subcal.foo = 'bar';
```

在上述代码中，subcal 为 calculator 的子命名空间，如果在 subcal 中还需要其他命名空间，就会导致命名空间越来越长的问题，不容易记忆、而且代码可读性差。

1.2.3 函数的作用域（闭包）

全局函数和对象的命名空间都不能很好地解决命名冲突的问题，而且开发过程中会有一些不想被外部访问的私有属性，该怎样解决？

JavaScript 中通过封装函数的私有空间可以让一些属性和方法私有化，也就是所谓的闭包。我们可以利用 JavaScript 函数作用域的特点，通过匿名自执行函数，进行私有变量隔离。将 demo1-2.html 中用于计算的代码修改后，如 demo1-3.html 所示。

demo1-3.html：

```
1   <!DOCTYPE html>
2   <html lang="en">
3   <head>
4     <meta charset="UTF-8">
5     <title>模块化开发演变 - 函数的作用域 (闭包) </title>
6   </head>
7
8   <body>
9     <input type="text" id="x">
10    <select name="" id="opt">
11      <option value="0">+</option>
12      <option value="1">-</option>
13      <option value="2">*</option>
14      <option value="3">/</option>
15    </select>
16    <input type="text" id="y">
17    <button id="cal">=</button>
18    <input type="text" id="result">
19    <script>
20    /**
21     * 利用匿名自执行函数形成的封闭的函数作用域空间，达到私有化的目的
22     */
23    var calculator = (function () {
24      function add(x, y) {
25        return parseInt(x) + parseInt(y);
26      }
27      function subtract(x, y) {
28        return parseInt(x) - parseInt(y);
29      }
30      function multiply(x, y) {
31        return parseInt(x) * parseInt(y);
```

```
32        }
33        function divide(x, y) {
34          return parseInt(x) / parseInt(y);
35        }
36        return {
37          add: add,
38          subtract: subtract,
39          multiply: multiply,
40          divide: divide
41        }
42      })();
43      // 获取所有的 DOM 元素
44      var oX = document.getElementById('x');
45      var oY = document.getElementById('y');
46      var oOpt = document.getElementById('opt');
47      var oCal = document.getElementById('cal');
48      var oResult = document.getElementById('result');
49      // 为等号按钮添加单击事件，当按钮被单击时调用此方法
50      oCal.addEventListener('click', function() {
51        var x = oX.value.trim();
52        var y = oY.value.trim();
53        var opt = oOpt.value;
54
55        var result = 0;
56        switch(opt) {
57          case '0':
58            result = calculator.add(x, y);        // 加
59            break;
60          case '1':
61            result = calculator.subtract(x, y); // 减
62            break;
63          case '2':
64            result = calculator.multiply(x, y); // 乘
65            break;
66          case '3':
67            result = calculator.divide(x, y);     // 除
68            break;
69        }
70        oResult.value = result;
71      })
72    </script>
73  </body>
74 </html>
```

在上述代码中，用于计算的 4 个方法被封装到了立即执行匿名函数中，如果不添加返回值，外部是访问不到的，添加返回值后，在全局可以诵讨"匿名函数 函数名 ()"的方式进行调用。这样有效地公开了公有方法，并且可以隐藏一些私有属性和元素，私有空间的函数和变量也不会影响全局作用域，可见这种方式是最理想的方式。大部分第三方库都使用这种形式，例如 jQuery。

1.2.4 维护和扩展

计算器模块通过利用函数作用域的方式，实现了理想的模块化开发，那么现在有个需求，要在计算器案例中添加一个取余的方法，传统的方式是在匿名函数中添加一个方法，并且返回计算结果，示例代码如下：

```
var calculator = (function () {
    //加法
    function add(x, y) {
      return parseInt(x) + parseInt(y);
    }
    //减法
    function subtract(x, y) {
      return parseInt(x) - parseInt(y);
    }
    //乘法
    function multiply(x, y) {
      return parseInt(x) * parseInt(y);
    }
    //除法
    function divide(x, y) {
      return parseInt(x) / parseInt(y);
    }
    //取余
  function mod(x, y){
  return parseInt(x) % parseInt(y);
}
    return {
      add: add,
      subtract: subtract,
      multiply: multiply,
      divide: divide,
     mod: mod
    }
  })();
```

在上述代码中，添加了一个取余的方法 mod()，这样的处理其实是可以实现当前需求的。但是试想一下，如果这个计算模块由第三方库提供，难道也要修改源码吗？

当要对这个模块进行扩展和维护的时候，或者这个模块存有第三方依赖的时候，可以通过参数的形式将原来的模块和第三方库传递进去。示例代码如 demo1-4.html 所示。

demo1-4.html：

```
1   <!DOCTYPE html>
2   <html lang="en">
3   <head>
4       <meta charset="UTF-8">
5       <title>模块化开发演变 - 维护和扩展</title>
6   </head>
7   <body>
8   <input type="text" id="x">
9   <select name="" id="opt">
10      <option value="0">+</option>
11      <option value="1">-</option>
12      <option value="2">*</option>
13      <option value="3">/</option>
14      <option value="4">%</option>
15  </select>
16  <input type="text" id="y">
17  <button id="cal">=</button>
18  <input type="text" id="result">
19  <script>
20      // 传递参数 cal
21      var calculator = (function(cal) {
22          // 加法
23          function add(x, y) {
24              return parseInt(x) + parseInt(y);
25          }
26          // 减法
27          function subtract(x, y) {
28              return parseInt(x) - parseInt(y);
29          }
30          // 乘法
31          function multiply(x, y) {
32              return parseInt(x) * parseInt(y);
33          }
34          // 除法
35          function divide(x, y) {
36              return parseInt(x) / parseInt(y);
37          }
38          cal.add = add;
```

```
39        cal.subtract = subtract;
40        cal.multiply = multiply;
41        cal.divide = divide;
42        return cal;
43   })(calculator || {});
44
45   // 从代码上来看: 下面的 calculator 已经把上面的 calculator 给覆盖掉了
46   // 注意: 在进行扩展的时候, 优先查找要扩展的对象是否已存在
47   var calculator = (function(cal) {
48        // 取余方法
49        cal.mod = function(x, y) {
50            return x % y
51        }
52        return cal;
53   })(calculator || {});
54   // 获取所有的 DOM 元素
55   var oX = document.getElementById('x');
56   var oY = document.getElementById('y');
57   var oOpt = document.getElementById('opt');
58   var oCal = document.getElementById('cal');
59   var oResult = document.getElementById('result');
60   // 为等号按钮添加单击事件, 当按钮被单击时调用此方法
61   oCal.addEventListener('click', function() {
62        var x = oX.value.trim();
63        var y = oY.value.trim();
64        var opt = oOpt.value
65        var result = 0;
66        switch(opt) {
67            case '0':
68                result = calculator.add(x, y);
69                break;
70            case '1':
71                result = calculator.subtract(x, y);
72                break;
73            case '2':
74                result = calculator.multiply(x, y);
75                break;
76            case '3':
77                result = calculator.divide(x, y);
78                break;
79            case '4':
80                result = calculator.mod(x, y);
81                break;
```

```
82          }
83          oResult.value = result;
84      })
85 </script>
86 </body>
87 </html>
```

在上述代码中，第 21 行在用于计算的匿名函数中传递 cal 作为参数，该参数可以看作匿名函数本身，第 43 行代码"calculator || {}"的意思是，当扩展该模块时，判断 calculator 函数是否存在，如果存在使用已经存在的，如果不存在就重新创建，这样做的好处是在加载时不需要考虑顺序。第 47~53 行用于添加取余的方法，第 80 行用于调用取余方法，在浏览器中打开 demo1-4.html，页面效果如图 1-3 所示。

进行取余计算后，页面效果如图 1-4 所示。

图 1-3 demo1-4.html 页面效果

图 1-4 取余计算

小　　结

模块化是一种设计思想，利用模块化可以把一个非常复杂的系统结构细化到具体的功能点，每个功能点看作一个模块，然后通过某种规则把这些小的模块组合到一起。这种设计思想使得产品开发效率高、维护成本低。

将模块化思想带入编程中，可以解决命名冲突和文件依赖等问题。本书即将介绍的 Node.js 是一个高度模块化的平台。学习模块化思想可以帮助读者更好地理解和使用 Node.js。

【习题】

1. 简述什么是模块化。
2. 简述使用模块化开发的优势。

第 2 章

初识 Node.js

上一章讲解了模块化开发，而 Node.js 是一个高度模块化的平台。有了模块化的思想，会为读者学习 Node.js 奠定良好的基础。本章将带领大家真正走进 Node.js 的世界。

【教学导航】

学习目标	(1) 了解什么是客户端和服务器端 (2) 了解什么是 Node.js 以及 Node.js 的特性 (3) 掌握 Node.js 的安装和配置 (4) 掌握 Node.js 入门必备知识
教学方式	以理论讲解、代码演示和案例效果展示为主
重点知识	(1) Node.js 的安装和配置 (2) 全局对象 (3) 模块加载规则和缓存
关键词	客户端、服务器端、cmd、path、REPL、global、require()、exports、module.exports、_dirname、_filename

2.1 Node.js 概述

2.1.1 学习 Node.js 的目的

随着互联网的发展，全栈工程师（Full Stack Engineer）的概念开始兴起，所谓全栈即包括用户界面、业务逻辑、数据建模、服务器、网络及环境等。这意味着，全栈工程师要熟练处理各层间的交互。而现在，有了 Node.js 的出现，用 JavaScript 语言既可以进行客户端的开发，又可以进行服务器端的开发，还可以与数据库交互。这样便大大减少了开发人员的学习成本，为程序开发创造了良好的条件。

用 Node.js 可以进行网站开发、在线游戏的后台服务器搭建、物联网的软件部分开发、控制台应用程序开发、数据的交互等。

既然 Node.js 是用于服务器端的开发，就要弄明白什么是客户端和服务器端。

2.1.2　客户端和服务器端

客户端与服务器端是组成 Web 应用或网站必不可少的部分，客户端与服务器端在传统 Web 开发中的位置如图 2-1 所示。

由图 2-1 可以看出，客户端将用户请求发送给服务器端。服务器端根据用户的请求进行逻辑处理、数据处理并将结果响应给客户端。现在用

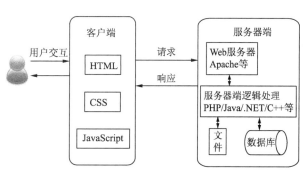

图 2-1　客户端与服务器端在 Web 开发中的位置

Node.js 来代替传统的服务器端语言，开发服务器端的 Web 框架，流程如图 2-2 所示。

现在，读者已经了解了客户端与服务器端在 Web 开发中的位置，下面通过一个用户登录的例子来演示一下客户端与服务器端的具体工作，如图 2-3 所示。

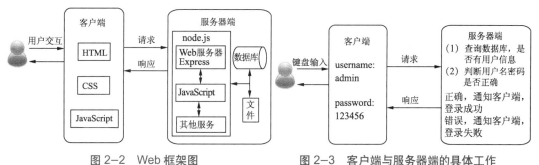

图 2-2　Web 框架图　　　　图 2-3　客户端与服务器端的具体工作

2.1.3　JavaScript 在客户端和服务器端的区别

JavaScript 是一种脚本语言，一般运行在客户端，而 Node.js 可使 JavaScript 运行在服务器端。

JavaScript 包括 ECMAScript、DOM 和 BOM 3 个部分，具体如下：

（1）ECMAScript 是 JavaScript 的核心语法。

（2）DOM 是 HTML 和 XML 的应用程序接口（API），用于控制文档的内容与结构。

（3）BOM（浏览器对象模型）可以对浏览器窗口进行访问和操作。

JavaScript 在客户端和服务器端实现的功能不同，区别具体如下：

在客户端，JavaScript 需要依赖浏览器提供的 JavaScript 引擎解析执行，浏览器还提供了对 DOM 的解析，所以客户端的 JavaScript 不仅应用核心语法 ECMAScript，还会操作 DOM 和 BOM。常见的应用场景如用户交互、动画特效、表单验证、发送 Ajax 请求等。

在服务器端，JavaScript 不依赖浏览器，而是由特定的运行环境提供的 JavaScript 引擎解析执行，例如 Node.js。服务器端的 JavaScirpt 应用核心语法 ECMAScript，但是不操作 DOM 和 BOM。它常常用来做一些在客户端做不到的事情，例如操作数据库、操作文件等。另外，在客户端的 Ajax 操作只能发送请求，而接收请求和做出响应的操作就需要服务器端的 JavaScript 来完成。

简而言之，客户端的 JavaScript 主要用来处理页面的交互，而服务器端的 JavaScript 主要用来处理数据的交互。

2.2 Node.js 简介

2.2.1 Node.js 的概念

Node.js 是一个在服务器端可以解析和执行 JavaScript 代码的运行环境，也可以说是一个运行时平台，仍然使用 JavaScript 作为开发语言，但是提供了一些功能性的 API，例如文件操作和网络通信 API 等。

Node.js 是由 Ryan Dahl 于 2009 年 5 月推出的最初版本，Ryan Dahl 是一名专注于实现高性能 Web 服务器的优化专家，他将 Chrome 浏览器的 V8 引擎单独移植出来，在此基础之上，为其上层的 JavaScript 提供了友好的 API，供开发人员使用，而且完全开源免费。

2.2.2 Node.js 的特点和优势

Node.js 作为一门新兴的后台语言平台，旨在帮助程序员快速构建可伸缩的应用程序，自发布以来，广受开发人员关注。Node.js 之所以这么受欢迎归功于它的一些吸引人的特点，具体如下：

（1）它是一个 JavaScript 运行环境：Node.js 作为运行环境可以让 JavaScript 脱离浏览器，在服务器端单独执行，如果客户端和服务器端使用相同的开发语言，可以在很大程度上达到客户端和服务器端代码的共用。

（2）依赖于 Chrome V8 引擎进行代码解析：Chrome V8 负责在非浏览器解析情况下解析 JavaScript 代码。

（3）事件驱动（Event-Driven）：对于事件驱动来说，在学习 JavaScript 的初级阶段，都会接触到事件，如 onclick、onload 等，这些事件通常会绑定在某个页面元素上，然后为其指定事件处理函数，当事件被触发时才会执行相应的处理函数。可以说这样的事件处理机制就是标准的事件驱动机制，在第 3 章讲解异步编程时会讲解回调函数的知识。

（4）非阻塞 I/O（non-blocking I/O）：提到非阻塞 I/O，首先有必要了解一下阻塞 I/O，I/O（Input/Output）表示输入 / 输出操作，阻塞 I/O 可以理解为被阻塞了的输入 / 输出操作，在服务器端有很多会涉及阻塞 I/O 的操作，例如在读取文件的过程中，需要等待文件读取完毕后才能继续执行后面的操作，Node.js 中使用事件回调的方式来解决这种阻塞 I/O 的情况，避免了阻塞 I/O 所需的等待，所以说它具有非阻塞 I/O 的特点。

（5）轻量、可伸缩，适于实时数据交互应用：在 Node.js 中，Socket 可以实现双向通信，例如聊天室就是实时的数据交互应用。

（6）单进程、单线程：进程就是一个应用程序的一次执行过程，它是一个动态的概念；而线程是进程中的一部分，进程包含多个线程在运行。单线程就是进程中只有一个线程，阻塞 I/O 模式下一个线程只能处理一个任务；而非阻塞 I/O 模式下，一个线程永远在处理任务，这样 CPU 的利用率是 100%。Node.js 采用单线程，利用事件驱动的异步编程模式，实现了非阻塞 I/O。

2.3　Node.js 的安装和配置

在使用 Node.js 前，首先要进行安装和配置，本节将带领读者快速体验 Node.js 的使用。

2.3.1　下载和安装

Node.js 的官方网址是 https://nodejs.org，在浏览器中访问该网址可以看到官方网站的首页，如图 2-4 所示。

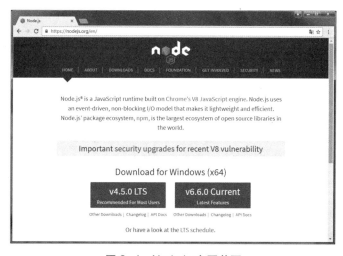

图 2-4　Node.js 官网首页

在图 2-4 中，可以看到两个版本的安装包，v4.5.0 LTS 和 v6.6.0 Current，v6.6.0 Current 代表当前最新版本，v4.5.0 LTS 中 LTS 的全称是 Long Time Support，也就是长期支持的意思。v4.5.0 LTS 版本相对来说更加稳定一些，在实际开发中，为避免一些不稳定因素，通常会选择稳定的版本，而在学习过程中可以使用最新版本。要下载哪个版本的安装包，只需单击图 2-4 中绿色方块部分即可。例如，下载 v6.6.0 Current 版本需要单击 v6.6.0 Current 的绿色区域，如图 2-5 所示。

下载成功后，通过保存路径找到 node-v6.6.0-x64.msi 安装包文件，如图 2-6 所示。

图 2-5　v6.6.0 Current　　　　　　图 2-6　6.6.0 安装包

本书中使用的安装包版本为 6.2.1 版本，在源码中会提供该版本的安装包，如图 2-7 所示。

在图 2-7 中，node-v6.2.1-x64 适合 64 位的操作系统，node-v6.2.1-x86 适合 32 位的操作系统。双击安装包进行安装，会弹出安装提示对话框，如图 2-8 所示。

图 2-7　6.2.1 安装包资料　　　　　图 2-8　安装提示对话框

单击 Next 按钮，跳转到安装协议对话框，如图 2-9 所示。

勾选复选框表示同意，然后单击 Next 按钮，设置安装路径，如图 2-10 所示。

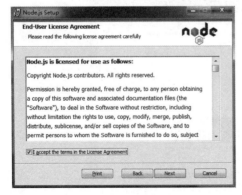

图 2-9　安装协议对话框　　　　　　图 2-10　设置安装路径

在图 2-10 中如果需要改变默认的安装路径，可以单击 Change 按钮，这里建议不要修改，直接单击 Next 按钮，如图 2-11 所示。

在图 2-11 中不进行任何修改，直接单击 Next 按钮，进入准备安装对话框，如图 2-12 所示。

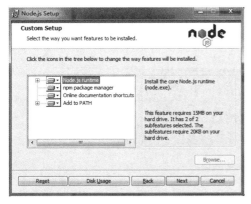

图 2-11　自定义设置对话框

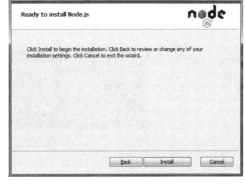

图 2-12　准备安装对话框

单击 Install 按钮，进入安装状态，如图 2-13 所示。

安装完毕后，会出现安装完毕提示框，如图 2-14 所示。

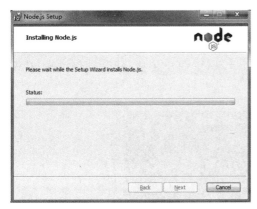

图 2-13　安装程序

图 2-14　安装完毕提示框

单击 Finish 按钮，安装成功。

完成安装步骤后，可以测试一下 Node.js 是否已经安装成功。测试步骤如下：

（1）按【Win+R】组合键，打开"运行"对话框，输入 cmd，如图 2-15 所示。

（2）单击"确定"按钮，或者直接按【Enter】键，会打开 CMD 命令台界面，如图 2-16 所示。

图 2-15　"运行"对话框

图 2-16　CMD 命令台界面

（3）在 CMD 命令台，输入命令"node –v"（其中 v 是 version 的简写，表示版本），按【Enter】键，如果安装成功会显示如图 2-17 所示界面。

图 2-17　安装成功界面

2.3.2　CMD 命令台

在上一小节测试过程中提到了 CMD 命令台，Node.js 的所有操作都需要依赖 CMD 命令台，下面具体进行介绍。

CMD 是 Command（命令提示符）的缩写，命令提示符是在操作系统中提示进行命令输入的一种工作提示符。在不同的操作系统环境下，命令提示符各不相同。CMD 是 Windows 系统的命令提示符，命令行程序为 cmd.exe，是微软基于 Windows 系统上的命令解释程序。以 .exe 结尾的文件为可执行文件，当 cmd.exe 文件执行时，便会打开 CMD 命令台，如图 2-18 所示。

图 2-18　CMD 命令台

CMD 命令台在实际开发中常常被称为"终端"、Shell，为了符合多数人的习惯，在本书后面的内容中，CMD 命令台均称为"终端"。

终端可以让用户通过输入一些命令与计算机进行交互，这种交互采用"一问一答"的形式。例如，在测试 Node.js 安装结果时，输入"node -v"，终端便输出了版本号。

终端的常用命令如下：

（1）dir（Directory）：查看当前目录下所有的条目。

（2）cd（Change Directory）：切换目录。

（3）cls|clear（clear screen）：清屏。

例如，在终端中输入 dir 命令，便会列出当前目录下所有的内容，如图 2-19 所示。

图 2-19　dir 命令的使用

此时如果输入 cls 或者 clear 命令，可以进行清屏操作，上述输出内容就会消失。与图 2-19 对应的在计算机中的 UI 界面如图 2-20 所示。

图 2-20　目录的 UI 界面

仔细观察就会发现，图 2-20 其实就是图 2-19 的图形化界面，这个界面由 Windows 操作系统来提供，使用 cd 命令可以切换目录，例如此时要进入图 2-20 的 Desktop 目录，就可以在终端输入"cd Desktop"，如图 2-21 所示。

图 2-21　进入 Desktop 目录

如果需要退回上一级目录，可以在终端输入"cd .."，如图 2-22 所示。

图 2-22　退回上一级目录

如果想直接退回盘符的根目录，可以使用"cd \"命令，如图 2-23 所示。

图 2-23　退回盘符根目录

在实际开发中，使用 Node.js 大部分都是在 Mac OS X 或者 Linux 系统上，所以关于 Windows 上的命令不做过多介绍，能够满足在学习过程中进行测试即可。

终端执行命令的原理是当用户在输入一个命令时，终端会默认在当前目录下找有没有该命令对应的可执行文件，如果有就会执行相应的可执行文件。如果没有，会提示该命令不存在。例如，在终端中输入 haha，终端会做出错误提示，如图 2-24 所示。

图 2-24　命令不存在的提示

2.3.3　Path 环境变量

"node -v"命令的可执行文件 node.exe 在安装目录 C:\Program Files\nodejs 下，如图 2-25 所示。

图 2-25　node.exe 所在目录

从图 2-25 可知，node.exe 在 C:\Program Files\nodejs 目录下，但是在测试 Node.js 安装是否成功时，该命令是在 C:\User\admin 目录下使用的，按照终端执行命令的原理，"node -v"命令应该只能在 C:\Program Files\nodejs 目录下使用，其他目录是找不到的。那么，这个操作是如何实现的?

这里需要应用 Windows 系统中的 Path 环境变量,它的作用是告诉系统,当要求系统运行一个程序,而没有告诉它程序所在的完整路径时,系统除了在当前目录下寻找此程序外,还应到哪些目录下去寻找。如果在 Path 环境变量中配置了 .exe 文件的路径,那么在任何路径下使用 node 命令都可以找到 node.exe 文件。Node.js 的安装过程中,已经在 Path 环境变量中配置好了 node.exe 的路径。查看方法如下:

(1)在操作系统中,右击"计算机"图标,选择"属性"命令,在打开的窗口中选择"高级系统设置"选项,如图 2-26 所示。

图 2-26 选择"高级系统设置"

(2)在打开的"系统属性"对话框的"高级"选项卡中单击"环境变量"按钮,如图 2-27 所示。

(3)在打开的"环境变量"对话框中找到变量 Path,如图 2-28 所示。

图 2-27 "高级"选项卡

图 2-28 "环境变量"对话框

(4)单击 Path,在后面可以看到 node.exe 的文件路径,如图 2-29 所示。

2.3.4 快速体验 Node.js

在学习 Node.js 之前,以 .js 结尾的文件通常是被引入网页中,在浏览器中执行。下面体验一下在 Node.js 中如何执行一个 js 脚本文件。

图 2-29 文件路径

（1）创建目录 C:\Course\code，这个目录用于放置以后学习过程中所有章节的代码文件。

（2）在 C:\Course\code 目录下创建目录 chapter02。

（3）在 chapter02 目录下创建 demo2-1.js，并在该文件中添加如下代码。

demo2-1.js：

```
1   console.log('hello world');
```

（4）打开终端，切换到 demo2-1.js 文件所在的目录，并输入 node demo2-1.js，执行结果如图 2-30 所示。

图 2-30　demo2-1.js 执行结果

从图 2-30 可以看出，在 demo2-1.js 的文件路径下，使用 node 命令执行该文件，在终端成功输出了"hello world"。

总结通过 node 命令解析和执行一个 .js 脚本文件的步骤如下：

（1）根据 node 命令指定的文件名称，读取 .js 脚本文件。

（2）解析和执行 JavaScript 代码。

（3）将执行后的结果输出到终端中。

使用 Node.js 不仅能在终端输出内容，还可以开发一个 Web 程序，在网页中输出内容。在 C:\Course\code\chapter02 目录下创建 demo2-2.js，在该文件中添加如下代码。

demo2-2.js：

```
1   // 加载 http 模块
2   var http = require('http');
3   // 创建 http 服务器
4   http.createServer(function(req, res) {
5     // 响应结束
6     res.end('hello world');
7     // 监听网址 127.0.0.1 端口号 3000
8   }).listen(3000,'127.0.0.1');
```

在上述代码中使用 Node.js 创建了一个 Web 服务器，并且监听 IP 地址为 127.0.0.1 端口号为 3000 的访问地址，打开使用 node 命令执行 demo2-2.js，执行结果如图 2-31 所示。

图 2-31　demo2.2.js 执行结果

此时在浏览器中访问网址 http://127.0.0.1:3000，便会看到在网页中输出 "hello world"，如图 2-32 所示。

通过上述两个案例，读者对 Node.js 有了初步的体验，后面的章节中将会对 Node.js 的重要功能进行详细的介绍。

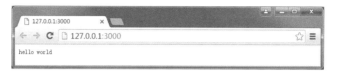

图 2-32　网页输出结果

2.4 Node.js 基础入门

2.4.1 REPL 运行环境

为了使开发者方便测试 JavaScript 代码，Node.js 中提供了一个名为 REPL（Read-Eval-Print-Loop）的可交互运行环境，当开发者输入 JavaScript 表达式，按下【Enter】键后，REPL 运行环境中将显示该表达式的运行结果。然后继续等待下一次用户输入，这种输入和显示结果的形式是循环的。

在 REPL 运行环境中，可以解析 JavaScript 代码，执行变量和函数的相关操作。例如，可以通过表达式对变量赋值、执行函数等。

打开终端，输入 node 命令并按下【Enter】键，即可进入 REPL 运行环境，在终端将会显示 REPL 运行环境中的命令提示符默认为 ">"，如图 2-33 所示。

图 2-33　REPL 运行环境

在图 2-33 中，输入 "temp='itcast'"，用于将字符串 itcast 赋值给变量 temp，按下【Enter】键后，REPL 将显示结果 itcast，如图 2-34 所示。

图 2-34　执行变量赋值

在 REPL 中还可以执行一些布尔类型的操作，例如在图 2 34 中，继续输入 "1>2"，按下【Enter】键后，REPL 将显示结果 false，如图 2-35 所示。

图 2-35 执行布尔类型表达式

Node.js 为 REPL 运行环境提供了一些常用命令，如表 2-1 所示。

表 2-1 REPL 命令

命　　令	描　　述
Ctrl + C	终止当前命令
Ctrl + C + C	终止 Node REPL
Ctrl + D	终止 Node REPL
Up/Down	查看命令历史记录和修改以前的命令
Tab	当前指令的列表
.help	显示所有命令的列表
.break	退出多行表达式
.clear	从多行表达退出
.save filename	当前 Node REPL 会话保存到文件中
.load filename	加载文件的内容在当前 Node REPL 会话

例如，退出 REPL 运行环境可以使用 Ctrl+C+C（连续按两次 C）就可以了，退出后如图 2-36 所示。

图 2-36 退出 REPL

■ **多学一招：** Chrome 浏览器的 Console

Chrome 浏览器中的 Console 控制台就是一个 REPL 运行环境，打开 Chrome 浏览器，按【F12】键就可以打开控制台，输入 "temp='itcast'"，按【Enter】键后，会看到与终端中的 REPL 相同的运行结果，如图 2-37 所示。

图 2-37 浏览器的 Console

2.4.2 global 对象和模块作用域

在之前使用 JavaScript 的过程中，在浏览器中默认声明的变量、函数等都属于全局对象 Window。全局对象中的所有变量和函数在全局作用域内都是有效的。

在 Node.js 中，默认就是模块化的，默认声明的变量、函数都属于当前文件模块，都是私有的，只在当前模块作用域内可以使用，那么 Node.js 中是否只有模块作用域？答案是否定的，如果想在全局范围内为某个变量赋值，可以应用全局对象 global。Node.js 中的 global 对象类似于浏览器中的 Window 对象，用于定义全局命名空间，所有全局变量（除了 global 本身以外）都是 global 对象的属性，在实际使用中可以省略 global。

1. 理解 global 对象和模块作用域

为了使读者更好地理解 global 对象和模块作用域，下面通过一个案例进行演示。

在 C:\Course\code\chapter02 目录下创建文件 demo2-3.js，在该文件中添加如下代码。

demo2-3.js：

```
1   var foo = 'bar';
2   console.log(foo);
3   //global 对象这时是没有 foo 属性的
4   console.log('global:foo '+global.foo);
```

在上述代码中，首先为 foo 变量赋值，然后输出 foo 变量的值。由于 global 对象的作用域是全局的，所以在第 4 行输入 global.foo 来测试在 Node.js 环境下 foo 变量是否属于全局作用域。打开终端，执行 demo2-3.js，执行结果如图 2-38 所示。

图 2-38 demo2-3.js 执行结果

从图 2-38 的输出结果可以看出，在 Node.js 中定义的变量默认是属于当前文件模块的，所以 global 全局对象中不存在 foo 变量，输出结果为 underfined。如果要将 foo 的值在全局作用域中使用，该怎样做？在 demo2-3.js 中添加如下所示的代码。

demo2-3.js：

```
1   // 为 global 对象挂载一个 foo 变量，并将该文件模块中 foo 的值赋值给它
2   global.foo = foo;
3   // 这是 global.foo 的值为 'bar'
4   console.log('global:foo '+global.foo);
```

在上述代码中，第二行用于为 global 对象挂载一个全局变量 foo，并将该文件模块中 foo 的值赋值给全局的 foo，打开终端，执行 demo2-3.js，执行结果如图 2-39 所示。

图 2-39　全局变量 foo

从图 2-39 的输出结果可以看出，全局变量 foo 的值 bar 输出成功，global 对象能够实现文件模块与文件模块之间的数据共享。

2. require()、exports、module.exports

Node.js 中之所以用到模块化编程的思想，是不想造成变量和函数的污染。在前面的案例中看到 global 对象可解决文件模块之间的数据共享，这种方法是可行的。但是这样会有一些缺点，例如在一个文件模块中直接给某个全局变量赋值，显得很突兀，对于这个全局变量何时出现、出现在何处都不是很清晰，而且多处使用全局变量会污染命名空间，容易造成耦合的问题。

为了解决上述问题，在 Node.js 中，为开发者提供了一个简单的模块系统，其中 exports 是模块公开的接口，require() 用于从外部获取一个模块的接口，即获取模块的 exports 对象。要在一个文件模块中获取其他文件模块的内容，首先需要使用 require() 函数加载这个模块，在被加载的模块中使用 exports 或者 module.exports 对象向外开放变量、函数等。require() 函数的作用是加载文件并获取该文件中的 module.exports 对象接口。

下面通过一个案例来演示在 Node.js 中如何进行模块之间内容的共享。

（1）在 C:\Course\code\chapter02 目录下创建 demo2-4 目录，在该目录下创建文件 info.js 作为被加载模块，在该文件中添加代码如下所示。

info.js：

```
1   // 向外开放变量 name
2   exports.name = 'itcast';
```

```
3    // 向外开放变量 age 和 edu
4    module.exports.age='10';
5    module.exports.type='edu';
6    // 向外开放函数
7    module.exports.sayHello= function() {
8        console.log('hello');
9    }
```

在上述代码中，分别使用 exports 和 module.exports 向模块外开放变量和函数。

（2）在 C:\Course\code\chapter02\demo2-4 目录下创建文件 demo2-4.js，在该文件中添加代码如下所示。

demo2-4.js：

```
1    // 加载模块
2    var myModule = require('./info');
3    console.log(myModule);
4    // 输出模块中的变量值
5    console.log('name:'+myModule.name);
6    console.log('type:'+myModule.type);
7    console.log('age:'+myModule.age);
8    // 调用模块的方法
9    myModule.sayHello();
```

在上述代码中，首先使用 require() 函数加载模块，require() 的参数使用文件路径加文件名称，注意这里由于是相对路径，需要加"./"。加载完毕后将返回一个 module.exports 对象，在该对象中包含了所加载模块对外开放的变量、函数、对象等，在第 5、6、7、9 行分别进行了调用，打开终端，执行 demo2-4.js，执行结果如图 2-40 所示。

图 2-40　demo2-4.js 执行结果

从图 2-40 的输出结果可以看出，通过加载模块在 demo2-4.js 中，可以成功地调用 info.js 中的内容。

通过 demo2-4 可知，exports 和 module.exports 都可以对外开放变量或函数，那么它们之间有什么区别？Node.js 为了让开发者使用起来更方便，提供了 exports，它是一个指向的 module.exports 的引用，module.exports 初始值为一个空对象 {}，所以 exports 初始值也是 {}。虽然 exports 和 module.exports 都可以向模块外开放变量和函数，但是在使用上，module.exports 可以单独定义，返回数据类型，而 exports 只能是返回一个 object 对象。

为了读者更好地理解 exports 和 module.exports 的区别，下面通过一个案例来演示。

（1）在 C:\Course\code\chapter02\ 目录下创建 demo2-5 目录，在该目录下创建 test. js，并添加如下代码。

test.js：

```
1   // 定义一个数组
2   module.exports=['name','type','age'];
```

（2）在 C:\Course\code\chapter02\demo2-5 目录下创建文件 demo2-5.js，在该文件中添加代码如下所示。

demo2-5.js：

```
1   // 加载模块
2   var myModule = require('./test');
3   console.log(myModule);
4   // 输出数组长度
5   console.log('length:'+myModule.length);
```

在上述代码中，加载 info.js 模块后会得到一个数组，打开终端，执行 demo2-5.js，执行结果如图 2–41 所示。

图 2–41　demo2-5.js 执行结果

从图 2-41 中可以看出，使用 module.exports 可以单独定义数组，并且成功向外开放，下面修改 test.js 中的代码，修改后如下所示。

```
exports=['name','type','age'];
```

打开终端，执行 demo2-5.js，执行结果如图 2–42 所示。

图 2–42　修改代码 info.js 后执行结果

从图 2–42 的执行结果可以看出，使用 exports 直接定义数据，会切断 exports 与 moudu.exprots 的联系，出现了找不到值的情况。由此可见，exports 不能单独定义并返回数据类型。

2.4.3　全局可用变量、函数和对象

1. 理解全局作用域

在 Node.js 中，global 对象定义了全局命名空间。当定义了一个全局变量时，这个变量同时也会成为全局对象 global 的属性，反之亦然。可以说在全局作用域中，任何变量、函数和对象都是 global 对象的一个属性值。

2. 理解"全局可用"

本节要介绍的是，在 Node.js 中提供的一些全局可用的变量、函数和对象，这里所谓的全局就是不需要进行模块加载，可以直接使用的，其中包括全局作用域的函数和对象。也包括另一种不在全局作用域，而是在每个模块作用域都存在的变量、函数和对象，在全局可用，但不是 golbal 对象的属性。

例如 require() 函数，在每个模块作用域中存在，所以不需要加载就可以使用，可以说它在全局可用，但它不是全局函数。

本书的源码可参考 Node.js 6.2.1 版本的相关手册，在手册中对 API 都有介绍。手册的查看方式是打开 nodejs - 6.2.1\nodejs.org\dist\latest-v6.x\docs\api 目录，在目录中打开 index.html 代表查看所有 API，如图 2-43 所示。

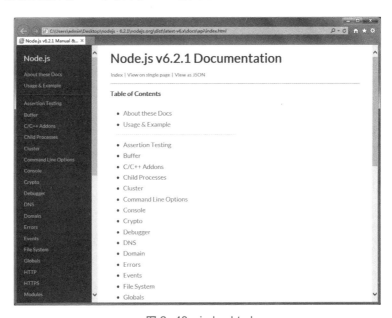

图 2-43　index.html

在图 2-43 的右侧菜单中找到 Globals 并单击，会显示所有在全局可以使用的变量、函数和对象，如图 2-44 所示。

在图 2-44 中，_dirname、_filename 、exports 和 module 对象与 require() 函数相似，都是存在于每个模块作用域中，实际上并不是全局对象，Buffer 和 process 在本书后面的章节中会陆续讲解。

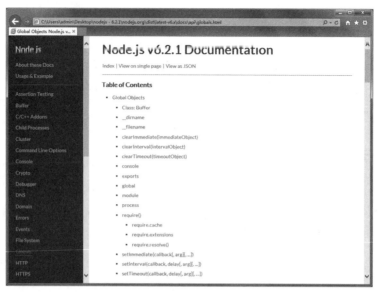

图 2-44　全局可用的变量、函数和对象

3. _dirname 和 _filename 变量

Node.js 中提供了两个与文件操作相关全局可用变量 _dirname 和 _filename，_dirname 表示当前文件所在的目录，_filename 表示当前正在执行的脚本的文件名。它将输出文件所在位置的绝对路径，且和命令行参数所指定的文件名不一定相同。 如果在模块中，返回的值是模块文件的路径。

下面通过一个案例来演示两个变量的具体使用。在 C:\Course\code\chapter02\ 目录下创建 demo2-6.js 文件，在该文件下添加代码如下所示。

demo2-6.js：

```
1   // 输出全局变量 _dirname 的值
2   console.log(' 文件的目录是: '+ _dirname );
3   // 输出全局变量 _filename 的值
4   console.log(' 文件的绝对路径是: '+_filename );
```

打开终端，执行 demo2-6.js，执行结果如图 2-45 所示。

图 2-45　demo2-6.js 执行结果

需要注意的是，无论通过开发工具还是记事本创建文件，如果文件内需要执行的代码中包含中文，都要将文件编码保存为 utf8 格式，否则在执行时会出现乱码问题。

关于文件的编码修改，可以用记事本打开方式打开文件，找到"文件"菜单，如图 2-46 所示。

图 2-46 "文件"菜单

选择"文件"→"另存为"命令，可以看到文件编码选项，如图 2-47 所示。

图 2-47 查看编码选项

在图 2-47 中可以进行文件编码的修改，单击"保存"按钮可以完成修改。在其他开发工具中右击文件，一般都能找到修改文件编码的位置。

4. 全局函数

Node.js 中还提供了常用的全局函数，如表 2-2 所示。

表 2-2 Node.js 的全局函数

函　数	描　述
setTimeout(cb, ms)	全局函数在指定的毫秒 (ms) 数后执行指定函数 (cb)。setTimeout() 只执行一次指定函数。setTimeout() 返回值可以作为 clearTimeout 的参数
clearTimeout(t)	全局函数用于停止一个之前通过 setTimeout() 创建的定时器。参数 t 是通过 setTimeout() 函数创建的计算器
setInterval(cb, ms)	setInterval 和 setTimeout 类似，不过 setInterval 会在每毫秒后（并非精确的毫秒后）执行一次 cb。setInterval 返回值可以作为 clearInterval 的参数

续表

函　　数	描　　述
clearInterval(t)	用于停止 setInterval 定时器，这样回调函数就不会被执行
setImmediate(cb)	用于延迟调用 cb 函数。cb 将在 I/O 事件回调之后，setTimeout 和 setInterval 回调之前调用。setImmediate 的返回值可以作为 clearImmediate 的参数
clearImmediate()	用于停止触发回调函数

5．console 对象

在前面的学习过程中，经常会使用到 console.log() 语句，console 对象就是一个全局对象，用于提供控制台标准输出，除了 console.log() 函数外还提供了其他的函数，如表 2-3 所示。

表 2-3　console 对象提供的函数

函　　数	描　　述
console.info([data][, ...])	该命令的作用是返回信息性消息，这个命令与 console.log 差别并不大，除了在 chrome 中输出文字外，其余的会显示一个蓝色的惊叹号
console.error([data][, ...])	输出错误消息的。控制台在出现错误时会显示是红色的叉子
console.warn([data][, ...])	输出警告消息。控制台出现有黄色的惊叹号
console.dir(obj[, options])	用来对一个对象进行检查，并以易于阅读和打印的格式显示
console.time(label)	输出时间，表示计时开始
console.timeEnd(label)	结束时间，表示计时结束
console.trace(message[, ...])	当前执行的代码在堆栈中的调用路径，这个对测试函数运行很有帮助，只要给想测试的函数加入 console.trace 即可
console.assert(value[, message][, ...])	用于判断某个表达式或变量是否为真，有两个参数，第一个参数是表达式，第二个参数是字符串。只有当第一个参数为 false 时，才会输出第二个参数，否则不会有任何结果

由于表 2-3 在开发中不经常使用，这里只需要掌握 console.log() 的使用方法即可。

2.4.4　Node.js 模块化重写计算器案例

在第 1 章讲解模块化开发的过程中，做过一个计算器案例，下面将带领读者使用 Node.js 模块化重新完成计算器案例。具体步骤如下所示：

（1）在 C:\Course\code\chapter02\ 目录下创建 cal 目录，在该目录下创建 add.js 用于实现加法模块，并添加如下代码。

add.js：

```
1    // 加法
2    module.exports = function(x, y) {
3        return parseInt(x) + parseInt(y)
4    }
```

在上述代码中，使用 module.exports 向外开放了一个函数，该函数用于实现加法功能。

（2）在 C:\Course\code\chapter02\cal 目录下创建 subtract.js 用于实现减法模块，并添加如下代码。

subtract.js：

```
1    // 减法
2    module.exports = function(x, y) {
3        return parseInt(x) - parseInt(y)
4    }
```

在上述代码中，使用 module.exports 向外开放了一个函数，该函数用于实现减法功能。

（3）在 C:\Course\code\chapter02\cal 目录下创建 multiply.js 用于实现乘法模块，并添加如下代码。

multiply.js：

```
1    // 乘法
2    module.exports = function(x, y) {
3        return parseInt(x) * parseInt(y)
4    }
```

在上述代码中，使用 module.exports 向外开放了一个函数，该函数用于实现乘法功能。

（4）在 C:\Course\code\chapter02\cal 目录下创建 divide.js 用于实现除法模块，并添加如下代码。

divide.js：

```
1    // 除法
2    module.exports = function(x, y) {
3        return parseInt(x) / parseInt(y)
4    }
```

在上述代码中，使用 module.exports 向外开放了一个函数，该函数用于实现除法功能。

（5）在 C:\Course\code\chapter02\cal 目录下创建 index.js 作为入口模块，并添加如下代码。

index.js：

```
1    // 入口模块
2    module.exports = {
3      add: require('./add'),
4      subtract: require('./subtract'),
5      multiply: require('./multiply'),
6      divide: require('./divide')
7    }
```

在上述代码中，分别使用 require() 方法加载加、减、乘、除 4 个功能模块，并使用 module.exports 向外开放这 4 个接口。

（6）在 C:\Course\code\chapter02\cal 目录下创建 testCal.js 用于测试计算器功能，在 testCal.js 文件中添加如下代码。

testCal.js：

```
1    // 测试计算器功能
2    var cal = require('./index');
3    console.log(cal.add(1, 2));          // => 3
4    console.log(cal.subtract(1, 2)) ;    // => -1
5    console.log(cal.multiply(1, 2));     // => 2
6    console.log(cal.divide(1, 2)) ;      // => 0.5
```

在上述代码中，使用 require() 加载计算器入口模块 index.js，在第 3~6 行分别调用 add()、subtract()、multiply()、divide() 函数进行加、减、乘、除计算，并使用 console.log() 函数输出结果。

打开终端，执行 testCal.js，执行结果如图 2-48 所示。

图 2-48　testCal.js 执行结果

从图 2-48 的执行结果可以看出，使用 Node.js 实现计算器的案例功能已经实现。

2.4.5　require() 的模块加载规则

通过前面的学习可知，require() 是用来加载模块的，下面为读者介绍 require() 的模块加载规则。

在使用 Node.js 开发的过程中，需要加载的模块主要分为两大类：文件模块和核心模块。

1. 文件模块

使用 require() 函数加载文件模块时，需要使用两种模块标识：

(1) 以 "/" 开头的模块标识，指向当前文件所属盘符的根路径。

(2) 以 "./" 或 "../" 开头的相对路径模块标识。

加载文件模块的语法如下：

```
require('路径.扩展名');
```

例如，加载不同路径下的 .js 文件，语法如下：

```
require('/example.js');        // 如果当前文件在 C 盘，将加载 C:\example.js
require('./example.js');
require('../example.js');
```

在上述代码中，可以省略文件的扩展名 ".js"，如 require('./example)，Node.js 会尝试为文件名添加 ".js" ".json" ".node" 进行查找。

2. 核心模块

核心模块可以看作是 Node.js 的心脏，它由一些精简而高效的库组成，为 Node.js 提供了基本的 API。主要内容包括：

(1) 全局对象；

(2) 常用工具；

(3) 事件机制；

(4) 文件系统访问；

(5) HTTP 服务器与客户端。

由于 Node.js 的模块机制，这些 Node.js 中内置的核心模块被编译成二进制文件，保存在 Node.js 源码的 lib 文件夹下，在本质上也是文件模块，但是在加载方式上与文件模块有所区别。

核心模块标识是唯一的，并且不以 "./" 或 "../" 或 "/" 开头，使用 require() 加载核心模块的语法如下：

```
require('模块标识');
```

Node.js 核心模块中提供了一个 OS 核心模块，在该模块中提供了一些与操作系统相关的 API，这里以 Node.js 中的 OS 模块为例来演示核心模块的加载。

在 C:\Course\code\chapter02 目录下创建 demo2-7.js，并添加如下代码。

demo2-7.js：

```
1    // 核心模块就是一个固定标识
2    // 如果写错，就无法加载
3    var os = require('os');
```

```
4    // 输出 CPU 信息
5    console.log(os.cpus());
```

在上述代码中，os 为当前核心模块的标识，如果自己创建了一个文件 os.js，Node.js 也会默认优先加载核心模块。在第 5 行调用 os 核心模块中提供的 cups() 函数，可以输出 CPU 的一些信息。

打开终端，执行 demo2-7.js，执行结果如图 2-49 所示。

图 2-49　demo2-7.js 执行结果

从图 2-49 的执行结果可以看出，OS 模块加载成功。

2.4.6　模块的缓存

在模块加载过程中，对于多次使用同一模块标识加载模块的情况，Node.js 只会加载一次，这是由于第一次加载某个模块时，Node.js 会缓存该模块，再次加载时将从缓存中获取。所有缓存的模块保存在 require.cache 中，可以手动删除模块缓存。

（1）在 C:\Course\code\chapter02\ 目录下创建 demo2-8 目录，在该目录下创建 foo.js，并添加如下代码。

foo.js：

```
1    console.log("foo 模块被加载了 ");
```

（2）在 C:\Course\code\chapter02\ demo2-8 目录下创建 demo2-8.js，并添加如下代码。

demo2-8.js：

```
1    // 对于同一个模块标识，Node.js 在第一次加载完成之后就会缓存该模块
2    // 下次继续加载该模块的时候，直接从缓存中获取
3    require('./foo');
4    require('./foo');
5    require('./foo');
6    require('./foo');
```

在上述代码中，共加载4次 foo.js 模块，打开终端，执行 demo2-8.js，执行结果如图2-50所示。

图2-50　demo2-8.js 执行结果

从图2-50的执行结果可以看出，执行4次加载的过程中，只输出了一个"foo 模块被加载了"，说明 foo.js 只加载了一次。

在实际开发中有些时候开发者并不希望加载的模块被缓存，这时候可以进行删除缓存操作，在被加载的模块 foo.js 中添加如下代码：

```
delete require.cache[module.filename] ;
```

打开终端，重新执行 demo2-8.js，执行结果如图2-51所示。

图2-51　demo2-8.js 执行结果

从图2-51的执行结果可以看出，加载 foo 模块后，模块没有被缓存，所以输出4次"foo 模块被加载了"，这说明缓存成功被清除了。

小　结

JavaScript 包括3个部分，即 ECMAScript、DOM 和 BOM。客户端的 JavaScript 主要用来处理页面的交互，需要用到这3个部分。而服务器端的 JavaScript 主要用来处理数据的交互，不涉及文档和浏览器，只需要用到核心语法 ECMAScript。

Node.js 的安装非常简单，只需要按步骤一直单击"下一步"按钮即可。Node.js 中提供了一个名为 REPL 的可交互运行环境，当开发者输入 JavaScript 表达式，按下【Enter】键后，REPL 运行环境中将显示该表达式的运行结果。

在 Node.js 中，默认声明的变量、函数都属于当前文件模块，都是私有的，只在当前模块作用域内可以使用，如果想在全局范围内为某个变量赋值，可以应用全局对象 global。

除此之外，本章还介绍了 Node.js 中的模块加载和模块缓存。学习本章后，读者已经准备好了开发环境和一些必备知识，可以进一步学习后面的 Node.js 内容。

【习题】

1. 简述什么是 Node.js。
2. 列举 Node.js 具有哪六大特点（不需具体描述）。

第3章

异步编程和包资源管理

Node.js 作为使用 JavaScript 为主要开发语言的服务器端编程技术和平台，十分引人瞩目。在 Node.js 中的突破之一就是异步编程，除此之外，Node.js 中还提供了一套非常便捷的包管理工具。为了让读者更好地使用 Node.js，本章将对 Node.js 的异步编程和包资源管理进行详细讲解。

【教学导航】

学习目标	(1) 了解同步和异步的概念 (2) 掌握使用回调函数处理异步函数的异常 (3) 了解什么是包和 NPM (4) 掌握 NPM 的基本使用 (5) 掌握包的加载规则
教学方式	以理论讲解、代码演示和案例效果展示为主
重点知识	(1) 使用回调函数处理异步函数的异常 (2) NPM 的基本使用 (3) 包的加载规则
关键词	同步、异步、回调函数、包、NPM

3.1 异步编程

众所周知，JavaScript 的执行环境是单线程的。单线程一次只能完成一个任务，如果有多个任务，就需要等待前面一个任务完成后，再执行后面的一个任务。只要有一个任务耗时长，后面的任务都必须排队等候，拖延整个程序的执行。常见的浏览器无响应，往往就是因为某一段 JavaScript 代码长时间运行（比如死循环），导致其他任务无法执行，整个页面无法继续加载造成的。

为了解决单线程阻塞的问题，Node.js 中加入了异步编程模块。异步编程模型保证了 Node.js 快速响应，充分利用 CPU。利用好 Node.js 异步编程，会给开发带来很大便利，本节将带领读者学习 Node.js 的异步编程。

3.1.1 同步和异步

1. 同步的概念

同步是一个很早的概念，其实很好理解。举一个简单的例子：小明是一个勤奋的孩子，他每天起得很早，起床后要背单词、吃早餐，然后去上学，如果每件事情按照顺序依次进行就是同步。这些事情同步执行的流程如图 3-1 所示。

```
起床 → 背单词 → 吃早餐 → 去上学
```

图 3-1　同步流程图

为了让读者更好地理解同步的概念，下面通过一个案例进行演示。

（1）在 C:\Course\code 目录下创建目录 chapter03。

（2）在 chapter03 目录下，创建文件 demo3-1.js，在 demo3-1.js 中添加如下代码。

demo3-1.js：

```
 1  /**
 2   * 同步代码
 3   */
 4  console.log(' 起床 ');
 5  console.log(' 背单词 ');
 6  // 吃早餐
 7  function eatBreakfast() {
 8      console.log(' 早餐吃完了 ');
 9  }
10  eatBreakfast();
11  console.log(' 去上学 ');
```

打开终端，执行 demo3-1.js，结果如图 3-2 所示。

图 3-2　demo3-1.js 执行结果

从图 3-2 可以看出，同步代码中，每行代码按照顺序依次执行。

2．异步的概念

对同步的概念有了了解之后，下面介绍什么是异步，同样是小明的故事，有一天小明没有定闹钟，晚起床半个小时，背完单词后，带着早餐一边吃一边去上学，执行流程如图 3-3 所示。

为了让读者更好地理解异步的概念，下面通过案例进行演示。

在 chapter03 目录下，创建文件 demo3-2.js，在该文件中添加如下异步代码。

demo3-2.js：

图 3-3　异步执行流程图

```
1   /**
2    * 异步代码
3    */
4   console.log(' 起床 ');
5   console.log(' 背单词 ');
6   function eatBreakfast() {
7       console.log(' 开始吃早餐了 ');
8       //setTimeout 执行的时候，不会阻塞后面代码的继续执行
9       setTimeout(function() {
10          console.log(' 早餐吃完了 ');
11      }, 0);
12  }
13  eatBreakfast();
14  console.log(' 去上学 ');
```

打开终端，执行 demo3-2.js，结果如图 3-4 所示。

```
C:\Windows\system32\cmd.exe

C:\Course\code\chapter03>node demo3-2.js
起床
背单词
开始吃早餐了
去上学
早餐吃完了

C:\Course\code\chapter03>
```

图 3-4　demo3-2.js 执行结果

从图 3-4 中可以看出，吃早餐的函数 eatBreakfast() 在背单词的后面已经被调用了，而"吃早餐"的过程没有影响"去上学"的继续执行，这是由于 setTimeout() 是一个异步函数，不会阻塞后续代码的继续执行，所以这段代码相当于小明边去学校边吃早餐。setTimeout() 会在一定的时间内执行，这样大大提高了 CPU 的工作效率。

3.1.2 回调函数

回调函数是指函数可以被传递到另一个函数中，然后被调用的形式。这样的"回调"在 Node.js 中到处被使用，典型的应用就是异步函数的异常处理。下面通过代码的演变来学习回调函数的作用及使用。

1. 同步代码中使用 try...catch 处理异常

同步代码在处理异常上和异步代码也是有区别的，首先来看一段同步代码是如何处理异常的。

在 chapter03 目录下，创建文件 demo3-3.js，在该文件中添加如下代码。

demo3-3.js：

```
1   /**
2    * 同步代码处理异常
3    */
4   function parseJsonStrToObj(str) {
5       return JSON.parse(str);
6   }
7   // 对于同步代码，可以使用 try...catch 来捕获代码执行可能出现的异常
8   try {
9       var obj = parseJsonStrToObj('foo')
10      console.log(obj);
11  } catch(e) {
12      console.log(' 转换失败了 ');
13  }
```

在上述代码中，第 4 行 parseJsonStrToObj() 函数用于将 JSON（JavaScript Object Notation）格式的字符串转化为 JSON 对象，在第 9 行进行调用，使用 try...catch 捕获异常。打开终端，执行上述代码后，执行结果如图 3-5 所示。

图 3-5　demo3-3.js 执行结果

由于 demo3-3.js 中第 9 行传递的参数 foo 不是合法的 JSON 格式，从图 3-5 的输出结果可以看出，错误信息被输出了，所以在同步代码中可使用 try...catch 捕获异常。

2. 异步代码无法使用 try...catch 处理异常

下面尝试一下使用 try...catch 处理异步代码中的异常。

在 chapter03 目录下，创建文件 demo3-4.js，在该文件中添加如下异步代码。

demo3-4.js：

```
1   /**
2    * 异步代码无法使用 try...catch 处理异常
3    */
4   function parseJsonStrToObj(str) {
5       setTimeout(function() {
6           return JSON.parse(str);
7       }, 0)
8   }
9   // 对于异步代码的执行来说，try...catch 是无法捕获异步代码中出现的异常的
10  try{
11      var obj = parseJsonStrToObj('dsadsadsadsa');
12      console.log(' 执行结果是: ' + obj);
13  } catch(e) {
14      console.log(' 转换失败了 ');
15  }
```

在上述代码中，将demo3-3.js的同步代码变成了异步代码，打开终端，执行上述代码后，执行结果如图3-6所示。

图 3-6　demo3-4.js 执行结果

由图3-6可以看出，首先第4行parseJsonStrToObj()函数的返回值是underfined，所以第11行obj对象的值也是underfined，最终代码会在第6行的位置报错，由此可以看出，使用try...catch不能捕获setTimeout()函数中出现的异常。

3. 使用回调函数接收异步代码的执行结果

如果把try...catch写在setTimeout()函数中真正执行报错的地方，是否可以实现呢？

在chapter03目录下，创建文件demo3-5.js，在该文件中添加如下代码。

demo3-5.js：

```
1   /**
2    * try...catch 写在异步代码中
3    */
4   function parseJsonStrToObj(str) {
5       setTimeout(function() {
6           try{
```

```
 7          return JSON.parse(str);
 8      }catch(e){
 9      console.log('转换失败了');
10      }
11      }, 0);
12  }
13      //调用方法输出结果
14      var obj = parseJsonStrToObj('foo');
15      console.log('执行结果是：' + obj);
```

在上述代码中可以看出，第 7 行调用 JSON.parse() 方法后，会有一个返回值，但是当前的写法无法接收到这个返回值，这段代码的执行结果如图 3-7 所示。

图 3-7　demo3-5.js 执行结果

为了解决上述问题，异步编程中提出了回调函数的设计，可以使用回调函数来接收异步代码执行的处理结果。

回调函数即当使用异步代码去做一件事时，不能预测这件事什么时候做完，其他的事情还在继续，这时可给异步代码准备一个包裹，当异步代码有了执行结果时可以将结果放到这个包裹里，需要在哪里使用这个结果就从包裹取出。

在回调函数的设计中有 3 个约定，具体如下所示：

（1）函数名称通常为 callback，在封装异步执行代码时，优先把 callback 作为函数的最后一个参数出现，语法如下所示：

```
fucntion 函数名 (arg1,arg2,callback) {}
```

（2）把代码中出现的错误作为 callback 回调函数的第一个参数进行传递，语法如下：

```
callback(err,result);
```

（3）把真正的返回的结果数据，传递给 callback 的第二个参数。语法如下：

```
callback(err,result);
```

下面解决 demo3-5.js 中接收返回值的问题。在 chapter03 目录下，创建文件 demo3-6.js，在该文件中添加如下代码。

demo3-6.js：

```
1  /* 通过回调函数来接收异步代码执行的处理结果 */
2  function parseJsonStrToObj(str,callback) {
3      setTimeout(function() {
4          try {
```

```
 5              var obj = JSON.parse(str);
 6              callback(null, obj);
 7          } catch(e) {
 8              callback(e, null);
 9          }
10     }, 0);
11 }
12 /* 注意区分错误信息和正确的数据信息
13 */
14 parseJsonStrToObj('foo',function (err, result) {
15     if(err) {
16          return console.log(' 转换失败了 ');
17     }
18     console.log(' 数据转换成功，没有问题可以直接使用了: ' + result);
19 });
```

在上述代码中，第 2 行 parseJsonStrToObj() 函数的第二个参数为回调函数，该函数在第 14 行进行调用，回调函数中第一个参数 err 为错误信息，第二个参数 result 为返回数据，在第 6 行和 8 行使用 callback() 函数返回错误信息和返回数据，在调用异步 API 时，优先判断回调函数中的第一个参数 err 对象是否为空，用以确定在异步代码执行的过程中，是否发生了异常。

这段代码的执行结果如图 3-8 所示。

图 3-8　demo3-6.js 执行结果

从图 3-8 可以看出，这段代码能够捕获异常，下面在 parseJsonStrToObj() 函数的第一个参数添加合法的 JSON 字符串 "{"foo":"bar"}"，执行结果如图 3-9 所示。

图 3-9　demo3-6.js 正确数据结果

从图 3-9 的输出结果可以看出，数据转换成功，并且输出了一个正确的数据信息。

■ **多学一招：** 理解异步编程的"事件驱动"思路

在异步编程中，当异步函数执行时，不确定何时执行完毕，回调函数会被压入到一个事件循环（Event Loop）的队列，然后往下执行其他代码，直到异步函数执行完成后，才会开始处理事件循环，调用相应的回调函数。这个事件循环队列是一个先进先出的队列，这说明回调是按照它们被加入队列的顺序执行的。

3.2 Node.js 的包和 NPM

在 Node.js 中，会将某个独立的功能封装起来，用于发布、更新、依赖管理和进行版本控制。Node.js 根据 CommonJS 规范实现了包机制，开发了 NPM 包管理工具，用来解决包的发布和获取需求。

这里需要简单介绍一下 CommonJS，我们知道 JavaScript 是一门面向对象语言，官方 JavaScript 标准定义的 API 是为了构建基于浏览器的应用程序，并没有定义一个用于更广泛的应用程序的标准库，CommonJS API 定义很多用于非浏览器的应用使用的普通应用程序，从而填补了这个空白，而 Node.js 就是一个非浏览器的应用，CommonJS 是一种规范，Node.js 是这种规范的部分实现。

3.2.1 包的概念

Node.js 的包和模块并没有本质的不同，包是在模块的基础上更进一步的组织 JavaScript 代码的目录。

Node.js 包和模块的关系如图 3-10 所示。

从图 3-10 中可以看出，一个包中应该有一个出口模块，用于向外部开放接口，使用者只需要拿到出口模块，而不用关心包中的其他内容。

Node.js 的包基本遵循 CommonJS 规范，规范的包目录结构如表 3-1 所示。

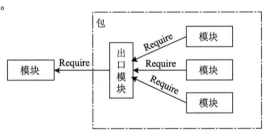

图 3-10 包和模块的关系图

表 3-1 包目录结构

规范的包结构	作　　用
package.json	在顶层目录的包描述文件，说明文件
bin	存放可执行二进制文件的目录
lib	存放 JavaScript 文件的目录
doc	存放文档的目录
test	存放单元测试用例的代码

在实际开发中，当某个包需要发布到网上，供他人使用时，最好遵守 CommonJS 规范。Node.js 包中包含 JSON 格式的包说明文件 package.json。在规范中 package.json 文件好比一个产品说明书，它的优势在于当开发者拿到一个第三方包文件时，可以对包的信息一

目了然，package.json 文件中用于描述信息的属性如表 3-2 所示。

表 3-2 package.json 文件属性说明

规范的包结构	作　用
name	包的名称
description	包的简介
version	包的版本号
keywords	关键词数组，用于在 NPM 中分类搜索
author	包的作者
main	配置包的入口，默认是模块跟目录下的 index.js
dependencies	包的依赖项，NPM 会根据该属性自动加载依赖包
scripts	指定了运行脚本命令的 NPM 命令行缩写，例如 start

在 package.json 文件中，属性和值通过 JSON 字符串的形式进行描述。

3.2.2 NPM 的概念

NPM 的全称是 Node.js Package Manage，在 Node.js 中有两种含义：一种含义是 Node.js 的开放模块登记和管理系统，是一个 NPM 网站，网址为 https://www.npmjs.com，该网站是全球最大的模块生态系统，里面所有的包都是通过 Node.js 实现的，开源免费，即查即用。

另一种含义是 Node.js 的包管理工具，一个命令行下的软件，提供了一些命令用于快速安装和管理模块。

NPM 的常用命令如表 3-3 所示。

表 3-3 NPM 的常用命令

命　令	作　用
npm init [-y]	初始化一个 package.json 文件
npm install 包名	安装一个包
npm install –save 包名	将安装的包添加到 package.json 的依赖中
npm install –g 包名	安装一个命令行工具
npm docs 包名	查看包的文档（非常有用）
npm root -g	查看全局包安装路径
npm comfig set prefix "路径"	修改全局包安装路径
npm list	查看当前目录下安装的所有包
npm list –g	查看全局包的安装路径下所有的包

命 令	作 用
npm uninstall 包名	卸载当前目录下某个包
npm uninstall –g 包名	卸载全局安装路径下的某个包
npm update 包名	更新当前目录下某个包

NPM 包管理工具常见的使用场景有以下 3 种：

（1）允许用户从 NPM 服务器下载别人编写的第三方包到本地使用。

（2）允许用户从 NPM 服务器下载并安装别人编写的命令行程序到本地使用。

（3）允许用户将自己编写的包或命令行程序上传到 NPM 服务器供别人使用。

由于 NPM 是随同 Node.js 一起安装的，可以通过命令来验证 NPM 是否安装成功，打开终端，在控制台输入“npm -v”命令，按【Enter】键，如果安装成功，执行结果如图 3–11 所示。

图 3–11　NPM 安装成功

3.2.3　NPM 的基本应用

如果开发者想在自己的项目中使用第三方包，就可以通过 NPM 工具进行下载安装，命令如下：

```
npm install 包名
```

例如，如果需要的第三方包名称为 Markdown，就可以在 C:\Course\code\chapter03 根目录下输入命令 npm intall markdown，按【Enter】键等待安装成功即可（注意安装的过程必须联网）。

安装成功的控制台输出结果如图 3–12 所示。

图 3–12　Markdown 安装成功

安装成功之后，Node.js 会自动在项目的当
前根目录下创建一个目录，该目录的名称叫作
node_modules，然后把第三方包自动放到该目录
下，如图 3-13 所示。

图 3-13 node_modules 目录结构

在图 3-13 中可以看到 Markdown 的包，另
外两个包为 Markdown 的依赖包，在 Node.js 中，node_moudules 目录是专门用于放置第
三方包的，目录名和其中的内容都不能修改。

3.2.4 包模块加载规则

在第 2 章中介绍过 require() 的加载规则，了解了文件模块和核心模块，在 require()
的加载规则中还有一个特殊的文件模块，叫作包模块。包模块既不是文件模块标识，也
不是核心模块标识，也就是说当需要加载的模块名称既不是路径，也不是内置模块名称时，
就是包模块的名称。

包模块的加载规则如下：

（1）在加载的时候，Node.js 默认会把它当作核心模块去加载，如果发现标识名不
是核心模块，就会在当前目录的 node_moudules 目录下寻找。如果没有找到，Node.js 会
从当前目录的父目录的 node_modules 里搜索，这样递归下去直到根目录。

（2）如果找到了该标识名的子目录，Node.js 将会找到该子目录下的 package.json 文
件，获取该文件中 main 属性的值，根据 main 属性指定的路径值进行加载。这样做的好
处是在用户使用第三方模块的时候，不用关心入口模块是哪个文件。

为了让读者更好地理解 require() 包加载规则，下面通过一个案例进行演示。

① 在 C:\Course\code\chapter03 目录下创建目录 lib。

② 在 lib 目录下创建 demo.js 文件，并向该文件中添加如下代码。

demo.js：

```
var markdown = require('markdown');
```

③ 在 C:\Course\code\chapter03\lib 目录下创建 node_moudules\markdown\lib 目录，在
该目录下创建 index.js，并在该文件中添加如下代码。

```
index.js
console.log("index.js 文件模块被加载了") ;
```

④ 在 C:\Course\code\chapter03\lib\markdown 目录下创建 package.json 文件，并在该
文件中添加如下代码。

```
{
  "main": "./lib/index.js"
}
```

以上步骤创建完毕的目录结构如图3-14所示。

这样做的目的是相当于模拟了一个markdown 的目录，根据包的加载规则，执行 demo.js 后会优先加载自己创建的这个 index.js。打开终端，使用 node 命令执行 demo.js 文件，执行结果如图 3-15 所示。

图 3-14　测试包加载规则

图 3-15　demo.js 执行结果

从图 3-15 的执行结果可以看出，在 demo.js 中加载自己创建的 markdown 模块时，由于 demo.js 文件在 chapter03\lib 目录下，所以优先查找了 chapter03\lib 目录下的 node_modules 目录，在该目录下查找 markdown 目录下的 package.json 文件，然后根据 package.json 文件 main 属性指定的目录找到 index.js 文件。

上述案例演示了 chapter03\lib 目录下存在 node_modules 目录的情况，为了演示不存在的情况，接下来删除自己创建的 node_modules 目录，删除后的目录结构如图 3-16 所示。

按照包的加载规则，这时执行 demo.js 文件，应该去 chapter03\lib 的父目录 chapter03 中的 node_modules 目录查找，这个目录就是使用 NPM 安装 markdown 时出现的。与模拟的 node_modules 目录相似，打开该目录，找到 markdown/package.json 文件，可以看到加载的入口模块就是 index.js，如图 3-17 所示。

图 3-17　Markdown 目录结构

图 3-16　删除后目录结构

打开图 3-17 中的 index.js 文件，可以看到如下代码。

index.js：

```
exports.markdown = require("./markdown");
exports.parse = exports.markdown.toHTML;
```

上述代码的意思是，当加载该文件时会得到一个名称为 markdown 的对象，该对象中的 toHTML 方法可以在页面输出标签。根据 Markdown 包官方的使用方法，修改 demo.js 文件代码如下。

demo.js：

```
var markdown = require('markdown').markdown;
console.log(markdown.toHTML("#hello"));
```

打开终端，执行 demo.js，执行结果如图 3-18 所示。

图 3-18　demo.js 执行结果

从图 3-18 的输出结果可以看出，Markdown 包中提供的 index.js 成功被加载了，同时验证了当文件当前目录不存在 node_modules 目录时，会去父目录查找。

 小　　结

为了避免多任务阻塞，Node.js 中加入了异步编程模块，而异步代码无法使用 try...catch 处理异常，所以可以使用回调函数接收异步代码的执行结果。异步函数执行时，不确定完毕时间，回调函数会被压入到一个队列，然后接着往下执行其他代码，直到异步函数执行完成后，才会调用相应的回调函数。

Node.js 中，一个包相当于封装了几个模块，而包中会有一个出口模块用于与外界进行关联。并且，Node.js 还针对包的管理，设计了一个包管理工具 NPM。包模块作为一种特殊的文件模块遵循 require() 包加载规则。

回调函数和包的管理在 Node.js 中是非常常见的操作，读者要在本章打好基础。

■【习题】

1. 简述 NPM 包管理工具常见的使用场景。
2. 简述 require() 的包模块加载规则。

第 4 章

Node.js 文件操作

目前很多开发语言，例如 Java、C++、PHP 等都可以进行文件操作，这让使用 JavaScript 的前端工程师十分羡慕，因为原生的 JavaScript 语言无法操作文件。于是，Node.js 为前端工程师提供了一组文件操作 API，解决了前端开发文件操作的问题。本章将对 Node.js 中的文件操作以及文件相关操作 API 进行详细讲解。

【教学导航】

学习目标	(1) 掌握文件的写入、追加、读取、复制等操作 (2) 完成控制歌词滚动案例 (3) 掌握文件操作的 Path 模块 (4) 掌握文件的目录操作
教学方式	以理论讲解、代码演示和案例效果展示为主
重点知识	(1) 文件的写入、追加、读取、复制等基本操作 (2) 路径字符串操作和目录操作
关键词	fs、fs.writeFile、fs.readFile、Path、fs.mkdir

4.1 基本文件操作

Node.js 的文件操作 API 由 fs（File System）模块提供，该模块提供的函数均有异步和同步版本，例如读取文件内容的函数有异步的 fs.readFile() 和同步的 fs.readFileSync()。

在实际开发中建议大家是用异步函数，比起同步，异步函数性能更高，速度更快，而且没有阻塞，本节将对 fs 模块中提供的基本文件操作 API 进行介绍。

4.1.1 文件写入

fs 模块是 Node.js 的核心模块，使用某个模块的 API 之前，首先需要加载这个模块，fs 核心模块的模块标识为 fs，所以加载该模块可以使用如下语句。

```
var fs = require('fs');
```

了解了 fs 模块的加载方式后，首先介绍一下文件写入，Node.js 中文件写入的语法如下。

```
// 同步写入
fs.writeFileSync(file, data[, options]);
// 异步写入
fs.writeFile(file, data[, options], callback);
```

如果文件存在，上述语法写入的内容会覆盖旧的文件内容。与同步函数相比，异步函数的参数中多了一个回调函数 callback。

文件写入参数使用说明如表 4-1 所示。

表 4-1　文件写入参数说明

参　　数	说　　明
file	文件名或文件描述符
data	要写入文件的数据，可以是 String(字符串) 或 Buffer(流) 对象
options	该参数是一个对象，包含 {encoding, mode, flag}。默认编码为 utf8, 模式为 0o666 , flag 为 'w'
callback	回调函数，回调函数只包含错误信息参数 (err)，在写入失败时返回

在表 4-1 中，options 参数值为一个对象，在该对象中指定读取文件时需要使用的选项，在该参数值对象中可以使用 flag 属性指定对该文件采取什么操作。如果指定读取的文件不存在，则抛出异常。

flag 参数取值如表 4-2 所示。

表 4-2　flag 参数说明

flag	描　　述
r	文件名或文件描述符
r+	打开文件进行读取和写入，如果该文件不存在则发生异常
rs	打开文件，用于读取在同步方式

flag	描　　述
rs+	打开文件进行读取和写入，告诉 OS 同步地打开它
w	打开文件进行写入。该文件被创建（如果它不存在）或截断（如果它存在）
wx	类似"w"，如果路径存在则失败
w+	打开文件进行读取和写入。该文件被创建（如果它不存在）或截断（如果它存在）
wx+	类似"w+"，但如果路径存在则失败
a	打开文件进行追加。如果它不存在，则创建该文件
ax	类似"a"，但如果路径存在则失败
a+	打开文件进行读取和附加。如果它不存在，则创建该文件
ax+	类似"a+"，但如果路径存在则失败

在普通文件操作中，默认值为"r"。由于常常省略 options 的值，这里作为了解即可。下面进入正式的文件写入环节。

1. 同步文件写入

了解了表 4-1 中各参数的作用后，下面通过一个案例来演示如何使用同步文件方法进行写入。

（1）在 C:\Course\code 目录下创建目录 chapter04。

（2）在 chapter04 目录下，创建文件 demo4-1.js，在 demo4-1.js 中添加如下代码。

demo4-1.js：

```
1   /*
2    *  同步方式写入文件
3    */
4   var fs = require('fs');
5   //在进行文件操作的时候，如果是同步 API，必须使用 try...catch 来捕获异常
6   //防止程序因为异常退出，导致后续代码无法继续执行
7   try {
8       console.log('写入文件 ...')
9       fs.writeFileSync('E:/a.txt', '黑马程序员 ');
10  } catch(e) {
11      console.log(' 不好意思，文件写入失败了 ')
12  }
```

在上述代码中，第 9 行使用同步方法 writeFileSync() 向计算机的 E 盘根目录创建文件，文件名称为 a.txt，并且向文件中写入"黑马程序员"5 个字。需要注意的是，在进行文件

操作时，如果是同步 API，必须使用 try...catch 来捕获异常，防止程序因为异常退出，导致后续代码无法继续执行。

打开终端，执行 demo4-1.js，执行结果如图 4-1 所示。

图 4-1　demo4-1.js 执行结果

从图 4-1 的执行结果可以看出，没有抛出异常，证明文件写入成功。打开计算机 E 盘根目录，找到 a.txt 文件，如图 4-2 所示。

打开 a.txt 文件，可以看到写入内容"黑马程序员"，如图 4-3 所示。

图 4-2　a.txt 文件位置　　　　　　图 4-3　a.txt 文件内容

从图 4-3 中可以看出，同步文件写入操作成功。

2. 异步文件写入

通过前面的介绍可知，异步文件写入函数中多了一个回调函数，下面通过一个案例演示 Node.js 异步文件写入函数的应用。

在 chapter04 目录下创建文件 demo4-2.js，在该文件中添加如下代码。

demo4-2.js：

```
1   /*
2    * 异步方式写入文件
3    */
4   var fs = require('fs');
5   console.log(1);
6   // 该方法中回调函数的第一个参数为错误对象
7   fs.writeFile('e:/b.txt', '黑马程序员', function(err) {
8     // 判断是否出现错误，进行错误提示
9     if(err) {
10      console.log(' 不好意思，文件写入失败了 ');
11    }
12    console.log(2);
```

```
13 });
14 console.log(3);
```

在上述代码中，使用 console.log() 输出 1、2、3 是为了演示异步函数的执行顺序，与文件操作本身无关，第 7 行使用异步方法 writeFile() 向计算机 E 盘根目录创建文件，文件名称为 b.txt，并且向文件中写入"黑马程序员"5 个字，回调函数的第一个参数 err 用于接收错误信息，第 9 行进行错误信息判断，如果出现错误，在第 10 行进行提示。

打开终端，执行 demo4-2.js，执行结果如图 4-4 所示。

图 4-4　demo4-2.js 执行结果

从图 4-4 的执行结果可以看出异步操作不会阻塞后续代码的继续执行，什么时候执行完毕不确定。在异步操作 API 中，是无法通过 try...catch 来捕获异常的，所以基本所有的异步操作 API 内部都把错误对象传递给了回调函数的第一个参数。也就是说，以后在使用 Node.js 提供的 API 时，首先看一下第一个参数是不是错误对象，如果是错误对象，要优先判断一下该错误对象是否为空，如果为空，说明没有错误。

打开计算机 E 盘根目录，找到 b.txt 文件，如图 4-5 所示。

打开 b.txt 文件，可以看到写入内容"黑马程序员"，如图 4-6 所示。

图 4-5　b.txt 文件位置　　　　　　　　　　图 4-6　b.txt 文件内容

从图 4-6 中可以看出，异步文件写入操作成功。由于异步函数性能较高，同步函数在开发中使用较少，在后面的学习过程中不再介绍同步方法。

4.1.2　向文件中追加内容

Node.js 中，在使用文件写入方法时，如果文件名存在，就会覆盖同名文件的内容，那么如何向文件中追加内容？为此，fs 模块中提供了追加文件内容的方法。 追加文件内容的异步函数语法如下：

```
appendFile(file, data[, options], callback);
```

在上述语法中，各参数与文件写入 fs.writeFile() 基本相同，如表 4-3 所示。

表 4-3　追加文件内容参数说明

参　　数	说　　明
file	文件名或文件描述符
data	要写入文件的追加数据，可以是 String(字符串) 或 Buffer(流) 对象
options	该参数是一个对象，包含 {encoding, mode, flag}。默认编码为 utf8，模式为 0o666，flag 为 'a'
callback	回调函数，回调函数只包含错误信息参数 (err)，在追加内容失败时返回

在表 4-3 中要注意 options 的 flag 为 'a'。下面通过一个案例来演示如何向文件追加内容。在 chapter04 目录下，创建文件 demo4-3.js，在该文件中添加如下代码。

demo4-3.js：

```
1   /*
2    *  向文件追加内容
3    */
4   var fs = require('fs');
5   // 定义需要追加的数据
6   var data = ' 欢迎您 ';
7   // 调用文件追加函数
8   fs.appendFile('E:/a.txt', data, function(err) {
9     if(err) {
10      // 出错的情况下，回调函数中的代码就不要继续往后执行
11      // 所以可以使用 return 的方式，阻止代码继续执行
12      return console.log(' 文件追加失败了 ');
13    }
14    // 希望在文件追加成功之后做一些事情
15    console.log(' 文件追加成功了 ');
16  });
```

在上述代码中，第 6 行定义需要追加的数据，第 8 行调用 appendFile() 函数，在第二个参数传入要写入文件的数据，第 12 行如果出错就会使用 return 方式阻止代码继续执行，追加成功之后，可以继续其他操作。

打开终端，执行 demo4-3.js，执行结果如图 4-7 所示。

从图 4-7 可以看出文件追加成功，在计算机 E 盘找到 a.txt 文件，打开文件后可以看到追加内容，如图 4-8 所示。

图 4-7　demo4-3.js 执行结果　　　　　　　　图 4-8　追加内容

4.1.3　文件读取

前面已经学习了如何写入文件，下面将讲解如何读取已有的文件。

在 Node.js 中，用于文件读取的异步函数如下：

```
fs.readFile(file[, options], callback)
```

在上述语法中，各参数的说明如表 4-4 所示。

表 4-4　文件读取参数说明

参　　数	说　　明
file	文件名或文件描述符
options	该参数是一个对象，包含 {encoding, flag}。默认编码为 null，flag 为 'r'
callback	回调函数，回调函数只包含错误信息参数 (err)，在读取失败时返回

下面通过一个案例来演示 Node.js 的文件读取，在 chapter04 目录下，创建文件 demo4-4.js，在该文件中添加如下代码。

demo4-4.js：

```
1   /*
2    * 文件读取
3    */
4   var fs = require('fs');
5
6   // 读取文件
7   fs.readFile('E:/a.txt', function(err, data) {
8     if(err) {
9       return console.log(' 文件读取失败 ');
10    }
11    // 因为计算机中所有的数据最终保存的都是二进制数据
12    // 所以可以通过调用 toString() 方法将二进制数据转换为人类可以识别的字符
13    console.log(data.toString());
14  });
```

在上述代码中，第 7 行使用 readFile() 函数读取计算机 E 盘根目录下的 a.txt 文件内容。回调函数中有两个参数，第一个参数 err 是错误对象，第二个参数 data 是读取文件后获取的数据，这些数据是只有计算机才能识别的二进制数据，所以在第 13 行使用 toString() 函数转换为可以识别字符串，并且打印到终端控制台，关于二进制数据在后面的章节中会有介绍。

打开终端，执行 demo4-4.js，执行结果如图 4-9 所示。

图 4-9　demo4-4.js 执行结果

从图 4-9 的执行结果可以看出，读取文件成功。

4.1.4　文件复制

在操作文件的过程中，有时需要将一个文件中的内容读取出来，写入到另一个文件中，这个过程就是文件复制的过程。Node.js 中没有直接提供文件复制的函数，但是学习了文件写入和文件读取就可以自己写代码来完成这个过程。

1. 文件复制思路

下面通过一个案例来演示如何使用文件写入和文件读取 API 来完成文件复制的思路。

在 chapter04 目录下，创建文件 demo4-5.js，并在该文件中添加如下代码。

demo4-5.js：

```
1   /*
2    * 文件复制案例
3    */
4   var fs = require('fs');
5   // 读取 a.txt 文件数据
6     fs.readFile('E:/a.txt', function(err, data) {
7       if(err) {
8         return console.log('读取文件失败了');
9       }
10      // 将数据写入 c.txt 文件
11      fs.writeFile('E:/c.txt', data.toString(), function(err) {
12        if(err) {
13          return console.log('写入文件失败了');
14        }
15      });
16      console.log('文件复制成功了');
17    });
```

在上述代码中，首先读取 E 盘根目录的 a.txt 文件内容，然后将读取成功的数据 data 写入 c.txt 文件，第 11 行的 toString() 函数可以省略，因为传递字符串时，writeFile() 方法也会自动将其转化为二进制数据。

打开终端，执行 demo4-5.js，结果如图 4-10 所示。

图 4-10　demo4-5.js 执行结果

从图 4-10 的执行结果可以看出，文件复制成功，这时去计算机的 E 盘根目录可以找到文件 c.txt，如图 4-11 所示。

图 4-11　c.txt 文件位置

打开 c.txt 可以看到与 a.txt 文件中相同的文件内容"黑马程序员欢迎您"。

2.　模块化封装文件复制功能

在上面的文件复制案例中，介绍了文件复制的思想，但是在实际应用中，Node.js 需要模块化封装这个功能，下面通过一个案例来演示如何封装文件复制功能。

（1）在 chapter04 目录下创建目录 demo4-6，在该目录下创建文件 demo4-6.js，并在该文件中添加如下代码。

demo4-6.js：

```
1   /*
2    * 文件复制模块
3    */
4   var fs = require('fs');
5   /*
6    * 定义文件复制函数 copy()
7    * src: 需要读取的文件
8    * dist: 目标文件
9    * callback: 回调函数
10   * */
11  function copy(src, dist, callback) {
12    // 读取文件
13    fs.readFile(src, function(err, data) {
14      if(err) {
15        return callback(err);
```

```
16        }
17        // 写入文件
18        fs.writeFile(dist, data.toString(), function(err) {
19          if(err) {
20            return callback(err);
21          }
22          callback(null);
23        });
24      });
25    }
26    module.exports = copy;
```

在上述代码中，第11行定义函数copy()用来进行文件复制，参数src表示要复制的文件，dist 表示目标文件，callback 为该函数的回调函数，如果文件读取失败，将在第 15 行使用回调函数返回错误对象 err, 如果文件写入失败，将在第 20 行返回错误对象 err, 如果文件复制成功，回调函数返回 null，最后在第 26 行使用 module.export 将 copy() 函数对外开放。

（2）在 chapter04\demo4-6 目录下创建文件 test.js，用来测试并在该文件中添加如下代码。

test.js：

```
1  /*
2   *  测试文件复制
3   */
4  // 加载封装好的文件复制功能模块
5  var copy = require('./demo4-6');
6  // 调用 copy() 函数
7  copy('E:/a.txt','E:/d.txt',function(err){
8    if(err){
9      return console.log(' 文件复制失败了 ');
10   }
11   console.log(' 文件复制成功了 ');
12 });
```

在上述代码中，首先加载封装好的文件复制功能模块，然后调用 copy() 函数并传入相应参数，将 E 盘根目录 a.txt 文件内容复制到 d.txt 文件，打开终端，执行 demo4-6.js，执行结果如图 4-12 所示。

图 4-12　test.js 执行结果

从图 4-12 的执行结果可以看出，文件复制成功，这时去计算机的 E 盘根目录可以找到文件 d.txt，如图 4-13 所示。

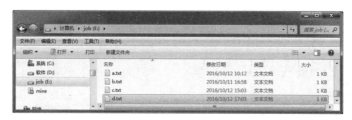

图 4-13　d.txt 文件位置

打开 d.txt 可以看到与 a.txt 文件中相同的文件内容"黑马程序员欢迎您"。

4.1.5　获取文件信息

在 Node.js 中，用于获取文件信息的异步函数如下：

```
fs.stat(path, callback);
```

在上述语法中，path 表示文件路径；callback 为回调函数，带有两个参数，如 (err, stats)，stats 是 fs.stats 对象。

fs.stat(path) 执行后，会将 Stats 类的实例返回给其回调函数。可以通过 Stats 类中提供的函数判断文件的相关属性。Stats 类的相关函数如表 4-5 所示。

表 4-5　Stats 类函数说明

函　　数	说　　明
stats.isFile()	如果是文件返回 true，否则返回 false
stats.isDirectory()	如果是目录返回 true，否则返回 false
stats.isBlockDevice()	如果是块设备返回 true，否则返回 false
stats.isCharacterDevice()	如果是字符设备返回 true，否则返回 false
stats.isSymbolicLink()	如果是软链接返回 true，否则返回 false
stats.isFIFO()	如果是 FIFO，返回 true，否则返回 false。FIFO 是 UNIX 中的一种特殊类型的命令管道
stats.isSocket()	如果是 Socket 返回 true，否则返回 false

下面通过一个案例来演示文件信息的获取，在 chapter04 目录下创建文件 demo4-7.js，并在该文件中添加如下代码。

demo4-7.js：

```
1  var fs = require('fs');
2  fs.stat('E:/a.txt', function (err, stats) {
3      // 判断是否是文件
```

```
4    console.log(" 是否是文件: "+stats.isFile());
5    // 输出文件信息
6    console.log(stats);
7    });
```

在上述语法中，第 2 行使用 fs.stat() 函数获取 E 盘根目录 a.txt 文件的信息，在第 4 行判断是否是文件，第 6 行输出所有文件信息。

打开终端，执行 demo4-7.js，执行结果如图 4-14 所示。

图 4-14　demo4-7.js 执行结果

多学一招： 如何通过手册学习 Node.js API

fs 模块还提供了很多其他文件操作的 API，由于篇幅有限不能一一进行讲解，具体应用时可以查看 Node.js 手册，根据手册介绍可以明确函数所需要的具体参数类型。这里以获取文件信息为例，介绍一下通过手册学习 API 的具体方式。

在本书第 2 章 2.4.3 节讲解全局可用变量、函数和对象时提到过手册的打开方式，用相同的方式打开手册即可，这里简单提示一下，在 6.2.1 版本手册中找到 index.html，双击查看所有 API，向下滑动浏览器最右侧滚动右侧页面，可以找到 File System 菜单，如图 4-15 所示。

图 4-15　Node.js 6.2.1 手册首页

单击图 4-15 右侧菜单中的 File System，就会看到所有文件系统的 API 列表，如图 4-16 所示。

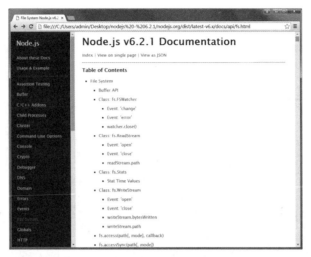

图 4-16　File System

在右侧菜单中找到 fs.stat(path,callback)，即用来异步获取文件信息的函数，如图 4-17 所示。

图 4-17　获取文件信息函数

单击图 4-17 中的 fs.stat(path,callback) 函数，将会显示函数的说明信息，如图 4-18 所示。

图 4-18　获取文件信息函数说明

在图 4-18 中，介绍了各参数的类型，以及回调函数包含的参数。单击图中 fs.Stats 便可以查看 Stats 类中所有的函数，如图 4-19 所示。

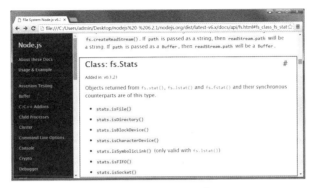

图 4-19　fs.Stats 类

4.2　案例——控制歌词滚动

我们平时经常使用网页播放器，或者类似 QQ 音乐的播放器试听一些歌曲，每首歌都会随着音乐的播放滚动歌词，那么这个功能是如何完成的呢？学习了文件的基本操作后，接下来将带领读者完成控制歌词滚动的功能。

没有实践，
就没有发言权

【案例描述】

为了让读者更好地理解案例实现的原理，本案例将提取功能实现的部分，不做页面效果，而是在终端演示歌词滚动效果，如图 4-20 所示。

图 4-20　控制歌词滚动案例效果

所谓的歌词随着音乐播放，就是在固定的时间输出一句歌词，图 4-20 在终端的效果是逐句输出歌词，直到所有歌词输出结束。

【案例分析】

该案例的完成首先需要有一个歌词文件，然后读取这个歌词文件，并且在终端以固定的时间一句一句输出歌词内容。本书源码中提供了 lrc.txt 文件，在歌词文件中有时间值和每个时间对应的歌词，如图 4-21 所示。

在图 4-21 所示的歌词中，前 3 行的内容与后面不同，而我们要在终端输出的是时间加歌词格式的内容，这时可以利用正则表达式来匹配哪些行是以时间开头的内容，并且遍历所有行，然后使用定时器，在固定的时间输出歌词。

该案例的实现细节具体分析如下：

（1）首先将歌词文件放在指定目录，注意该文件的编码需要为utf8，防止出现乱码问题。

（2）创建一个 app_main.js 文件，在该文件中读取歌词文件，获得文件中的歌词内容。

（3）将读取的歌词文件以换行符号"\n"进行截取，放到一个数组中。

图 4-21　lrc.txt

（4）使用正则表达式进行时间的匹配，该正则表达式为"var reg = /\[(\d{2})\: (\d{2})\.(\d{2})\]\s*(.+)/"，是以歌词文件中时间格式开头的数据，没有正则表达式基础的读者直接使用即可，匹配的方法是"reg.exec(line);"，其中 reg 为正则表达式，line 为需要匹配的行。

（5）使用 for 循环遍历这个数组，将数组的每个值与正则表达式进行匹配，如果匹配就获取该值中的时间和内容信息。

（6）将时间作为参数传入定时器，并且在定时器中输出内容。

【案例实现】

了解了该案例的思路后，下面实现案例。

（1）在 chapter04 目录下创建目录 lrc-scroll，将歌词文件 lrc.txt 放在该目录。

（2）在 chapter04\lrc-scroll 目录下创建文件 app_main.js，并在该文件中添加如下代码。

app_main.js：

```
1   var fs = require('fs');
2   // 读取歌词文件
3   fs.readFile('./lrc.txt', function(err, data) {
4     if(err) {
5       return console.log('读取歌词文件失败了');
6     }
7     data = data.toString();
8     var lines = data.split('\n');
9     // 遍历所有行，通过正则匹配里面的时间，解析出毫秒
10    // 需要里面的时间和里面的内容
11    var reg = /\[(\d{2})\:(\d{2})\.(\d{2})\]\s*(.+)/;
12    for(var i = 0; i < lines.length; i++) {
13      (function(index) {
14        var line = lines[index];
15        var matches = reg.exec(line);
16        if(matches) {
17          // 获取分
```

```
18          var m = parseFloat(matches[1]);
19          // 获取秒
20          var s = parseFloat(matches[2]);
21          // 获取毫秒
22          var ms = parseFloat(matches[3]);
23          // 获取定时器中要输出的内容
24          var content = matches[4];
25          // 将分＋秒＋毫秒转换为毫秒
26          var time = m * 60 * 1000 + s * 1000 + ms;
27        //使用定时器，让每行内容在指定的时间输出
28          setTimeout(function() {
29            console.log(content);
30          }, time);
31        }
32      })(i);
33    }
34  });
```

在上述代码中，首先使用 fs.readFile() 函数读取歌词文件。在第 8 行进行文件内容截取，生成数组 lines，在第 11 行定义正则表达式，在第 12 行开始遍历数组，第 15 行进行匹配，获取时间 time 和内容 contect。需要注意的是，这里时间需要转换为毫秒。第 28~31 行定义定时器，用来控制内容在固定时间输出，这里需要注意，for 循环中所有的内容都放在了匿名函数中，并且该匿名函数需要自执行，这样在执行该文件时，保证了每次循环都会输出一句歌词。

打开终端，执行 app_main.js，执行结果如图 4-22 所示。

图 4-22 app_main.js 执行结果

歌词随时间逐句输出的效果如图 4-23 所示。

图 4-23 逐句输出效果

4.3 文件相关操作

在实际开发中，除了基本的文件操作，还会涉及很多文件操作的相关问题，例如路径的拼接、操作文件目录等，本节将为读者介绍文件操作相关问题的解决方式。

4.3.1 路径字符串操作 (Path 模块)

在文件操作过程中，经常会遇到路径拼接的问题，例如读取一个路径中的文件名部分，或者获取一个文件中的扩展名部分，把两个不完整的路径拼接成一个完整的路径。针对这些路径字符串的操作问题，Node.js 的 Path 模块提供了一些相关 API，如表 4-6 所示。

表 4-6　路径字符串操作 API

函　　数	说　　明
basename(p[,ext])	获取文件名
dirname(p)	获取文件目录
extname(p)	获取文件扩展名
isAbsolute(path)	判断是否是绝对路径
join([path1][,path2][,…])	拼接路径字符串
normalize(p)	将非标准路径转换为标准路径
sep	获取操作系统的文件路径分隔符

Path 为核心模块，模块标识为 path，所以在文件中加载该模块可以使用如下语句：

```
var path = require('path');
```

由于 Path 模块的 API 都比较简单，下面将在 REPL 运行环境中直接为读者演示几个比较实用的 API 用法。需要注意的是，REPL 运行环境中不需要加载该模块，而是直接使用"模块名.函数"的方式进行调用。具体如下：

1. 获取文件名、文件目录、扩展名

（1）打开终端，输入 node 命令，进入 REPL 运行环境，如图 4-24 所示。

图 4-24　进入 REPL 运行环境

（2）首先在 REPL 运行环境中定义一个文件路径字符串 str，然后输入 str 字符串 path.basename()、path.dirname() 和 path.extname()，观察输出结果，如图 4-25 所示。

图 4-25　测试结果

2. 拼接路径字符串和转换标准路径

在 REPL 运行环境中，使用 path.join() 函数拼接路径字符串，如图 4-26 所示。

图 4-26　path.join() 测试结果

在图 4-26 中"\\"在字符串转义时会变为"\"，另外，在第三次测试时，第二个参数为"/b"，path.join() 函数也会自动处理为合法路径，无须担心拼接路径出错的问题。

4.3.2　目录操作

在 Node.js 中，除了可以对文件内容进行操作，也可以对文件目录进行增加、读取、和删除等操作。下面进行详细的讲解。

1. 创建目录

Node.js 中用于创建目录的异步函数语法格式如下：

```
fs.mkdir(path[, mode], callback);
```

在上述语法中，各参数的说明如表 4-7 所示。

表 4-7　文件读取参数说明

参　　数	说　　明
path	文件路径
mode	设置目录权限，默认为 0777
callback	回调函数，没有参数

下面通过一个案例来演示 Node.js 中如何创建目录。在 chapter04 目录下，创建文件 demo4-8.js，在该文件中添加如下代码。

demo4-8.js：

```
1   /*
2    *创建目录
3    */
```

```
4    var fs = require('fs');
5    console.log(' 在 C:/Course 目录下创建目录 testDemo4-8');
6    fs.mkdir('C:/Course/testDemo4-8/',function(err){
7        if(err) {
8            return console.error(err);
9        }
10       console.log(" 目录创建成功。");
11   });
```

在上述代码中，使用 fs.mkdir() 函数在 C:\Course 目录下创建目录 testDemo4-8，需要注意的是，由于 demo4-8.js 与 Course 在同一盘符下，所有 "C:" 也可以省略。

打开终端，执行 demo4-8.js，执行结果如图 4-27 所示。

图 4-27　demo4-8.js 执行结果

打开 C:\Course 目录，可以看到创建成功的目录，如图 4-28 所示。

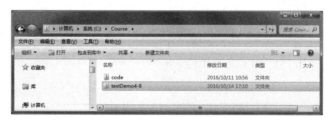

图 4-28　testDemo4-8 目录

2. 读取目录

Node.js 中用于读取目录的异步函数语法格式如下：

```
fs.readdir(path, callback);
```

其中，path 为文件路径；callback 为回调函数，该函数带有两个参数 err 和 files，err 为错误信息，files 为目录下的文件数组列表。

下面通过一个案例来演示 Node.js 中如何读取目录，具体步骤如下：

（1）C:\Course\testDemo4-8 目录下创建两个文件 test.txt 和 test.js，如图 4-29 所示。

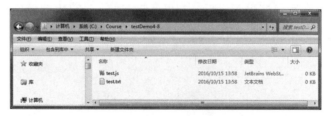

图 4-29　testDemo4-8 目录下文件

在图 4-29 中，两个文件均用于测试，无须在文件中添加内容。

（2）在 chapter04 目录下，创建文件 demo4-9.js，在该文件中添加如下代码。

demo4-9.js：

```
1   /*
2    * 读取目录
3    */
4   var fs = require('fs');
5   console.log(' 查看 /testDemo4-8 目录 ');
6   fs.readdir('/Course/testDemo4-8/',function(err, files){
7       if(err) {
8           return console.error(err);
9       }
10      // 遍历所有文件
11      files.forEach( function (file){
12          // 输出文件名
13          console.log( file );
14      });
15  });
```

在上述代码中，第 6 行使用 fs.readdir() 函数读取目录 "/Course/testDemo4-8/"，得到文件数组 files，在第 11 行使用 forEach() 函数遍历 files 文件数组，得到每个文件名，在第 13 行输出文件名。

打开终端，执行 demo4-9.js，执行结果如图 4-30 所示。

图 4-30　demo4-9.js 执行结果

在图 4-30 中，输出了 testDemo4-8 目录中所有的文件名，说明读取目录成功。

3. 删除目录和删除文件

Node.js 中用于删除目录的异步函数语法格式如下：

```
fs.rmdir(path, callback);
```

其中，callback 为回调函数且无参数。

删除目录时有一个要求，就是该目录必须为空，所有删除目录的操作还需要读取目录和删除文件操作进行支持。Node.js 中用于删除文件的异步函数语法格式如下：

```
fs.unlink(path, callback);
```

其中，两个参数与删除目录完全相同。

下面通过一个案例演示删除前面案例中创建的 testDemo4-8 目录，在 chapter04 目录下，创建文件 demo4-10.js，在该文件中添加如下代码。

demo4-10.js：

```
1    /*
2     * 删除目录
3     */
4    var fs=require('fs');
5            console.log('读取 /testDemo4-8 目录');
6            fs.readdir('/Course/testDemo4-8/',function(err, files){
7                if(err) {
8                    return console.error(err);
9                }
10               // 遍历所有文件
11               files.forEach(function(file){
12                   // 输出文件名
13                   console.log(file);
14                   // 删除文件
15                   fs.unlink('/Course/testDemo4-8/'+file, function(err) {
16                       if(err){
17                           return console.error(err);
18                       }
19                       console.log(file+' 文件删除成功! ');
20                   });
21               });
22               console.log('准备删除 /testDemo4-8 目录');
23               fs.rmdir('/Course/testDemo4-8/',function(err){
24                   if(err){
25                       return console.error(err);
26                   }
27                   console.log("目录删除成功!");
28               });
29           });
```

在上述代码中，首先读取要删除目录中的文件内容，然后在遍历文件数组 files，第 15 行使用 fs.unlink() 函数删除读取到的文件，需要注意的是，参数 file 是文件名加扩展名，删除文件时需要拼接完整的文件路径，否则该函数会自动为文件添加当前执行文件的路径，导致删除错误，最后在第 23 行使用 fs.rmdir() 函数删除空目录。

打开终端，执行 demo4-10.js，执行结果如图 4-31 所示。

图 4-31 demo4-10.js 执行结果

打开 C:/Course 目录，可以看到成功删除目录，如图 4–32 所示。

图 4–32　删除操作后的 Course 目录

 小　　结

文件操作包括向文件中写入内容，追加内容、读取、复制文件内容和获取文件信息。这一系列操作都是依靠 fs 模块。该模块提供的函数均有异步和同步版本，异步函数无阻塞，性能更高，速度更快，所以本书推荐读者使用异步函数。

另外，Path 模块可以拼接文件的完整路径，fs 模块中也提供了 API 可以对文件目录进行增删改查的操作。

文件操作是服务器端经常会遇到的需求，学习完本章，读者即可以使用 JavaScript 语言来操作文件。

【习题】

1. 列举 3 个在 Node.js 中常见的文件操作以及相应操作的异步函数。
2. 简述使用 Node.js 删除目录时需要注意什么问题。

第 5 章

Node.js 中处理数据 I/O

JavaScript 中对于字符串的操作十分便捷，不存在二进制数据类型，这种对字符串的简单操作和 DOM 操作基本上已经可以满足前端工程需求，但 Node.js 中提供了处理文件和网络 I/O 的功能，因此需要处理大量的二进制数据。在 Node.js 中，Buffer 缓冲区和 Stream 文件流对二进制数据的处理提供了很好的支持，本章将针对 Node.js 中的数据处理进行详细讲解。

【教学导航】

学习目标	(1) 了解什么是 Buffer 缓冲区 (2) 了解二进制数据和乱码 (3) 熟悉缓冲区数据的读 / 写 (4) 了解什么是文件流 (5) 掌握可读流和可写流 (6) 掌握使用 pipe 处理大文件
教学方式	以理论讲解、代码演示和案例效果展示为主
重点知识	(1) 掌握可读流和可写流 (2) 掌握使用 pipe 处理大文件
关键词	Buffer、二进制、Stream、pipe

5.1 Buffer 缓冲区

Buffer 类是随 Node.js 内核一起发布的核心库，用于支持 I/O 操作中移动的数据处理，在前面章节的学习过程中，曾经提到过二进制数据，Buffer 类为 Node.js 带来了一种存储原始数据的方法，该方法用来在内存中创建一个专门存放二进制数据的缓冲区。也就是说，在内存中预留了一定的存储空间，用来暂时保存输入或输出的数据，这样 Node.js 就能够处理二进制数据。

5.1.1 二进制数据和乱码

为了更好地理解 Buffer 缓冲区，首先需要介绍一下什么是二进制数据和乱码。

二进制是计算技术中广泛采用的一种数制，是用 0 和 1 两个数码来表示的数据，例如小写字母 a 在 Windows 系统中的二进制数据就是 01100001。每一个二进制位就是 0 和 1 的两种状态，它的基数为 2，进位规则是"逢二进一"借位规则是"借一当二"，由 18 世纪德国数理哲学大师莱布尼兹发现。当前的计算机系统使用的基本都是二进制系统。

由于计算机只能识别二进制数据，而人们很难看懂"1010"代表什么，因此，需要将二进制数据转换为人们能够方便识别的字符，这时就需要设置字符编码。通过字符编码找到相应的字符集进行"翻译"，这个字符集可以看作一本字典。Windows 系统最原始的字符编码就是 ASCII，该编码对应 ASCII 字符集，它支持英文中常用的字母、数字和标点符号等与二进制数据之间的转换，同时还提供八进制、十进制和十六进制的对应编码，各种编码都可以相互转换。

下面使用 Windows 系统的计算器为读者演示二进制数据和十进制数据间的转换。

首先找到 Window 系统中的计算器，计算器的标准形式如图 5-1 所示。

在图 5-1 中选择"查看"→"程序员"命令，会跳转到程序员使用的计算器，如图 5-2 所示。

图 5-1　Windows 计算器

图 5-2　程序员计算器

在图 5-2 中，可以看到二进制、八进
制、十六进制等选项，当前选中为二进制，只能使
用按钮 0 或者按钮 1，单击按钮，输入 1100001，
选择十进制选项，如图 5-3 所示。

从图 5-3 中可以看出，二进制数据 1100001 可
以转换为十进制数据 97，在 ASCII 码表中，二进制
1100001 和十进制的 97 都对应小写字母 a。

随着计算机的不断发展，计算机进入了全世界
的各个国家，这些国家使用的语言不一致，ASCII
字符集已经不能满足需求，所以各个国家针对自己

图 5-3　十进制

的语言制定了不同的字符集。每个字符集包含的字符个数不同，目前常见字符集有 ASCII
字符集、GB2312 字符集、BIG5 字符集、GB18030 字符集、Unicode 字符集等。

二进制数据和乱码有着密不可分的关系，乱码是指计算机二进制数据在转换字符的
过程中，使用了不合适的字符集，而造成部分或所有字符无法被阅读，产生空白或者输
出的一系列字符。

为了让读者更直观地了解二进制数据和乱码，下面通过一个案例来演示。

（1）在 C:\Course\code 目录下创建目录 chapter05。

（2）在 chapter05 目录下创建目录 demo5-1，并在该目录下创建记事本文件 test.txt，
如图 5-4 所示。

图 5-4　test.txt 文件位置

在 test.txt 文件中添加内容"hello 我是中文"。

（3）在 chapter05 目录下创建文件 demo5-1.js，在 demo5-1.js 中添加如下代码。
demo5-1.js：

```
1  /*
2   * 二进制数据和乱码
3   */
4  var fs = require('fs');
5  fs.readFile('./demo5-1/test.txt',function (err, data) {
6  if(err) {
```

```
7    throw err;
8    }
9    // 1. 输出读取的 Buffer 数组对象
10   console.log(data);
11   // 2. 输出乱码
12   console.log(data.toString());
13   });
```

在上述代码中，首先读取 test.txt，在第 10 行输出读取的原始数据，是一个 Buffer 数组对象，该对象中存储的就是二进制数据。由于该文件是通过鼠标右键直接创建的，默认编码一般为 ANSI，这时，文件中包含中文字符，该编码不支持中文字符，所以会在第 12 行转换中文字符的过程中出现乱码，最终输出乱码。

打开终端，执行 demo5-1.js，执行结果如图 5-5 所示。

图 5-5　demo5-1.js 执行结果

在图 5-5 中可以看到，文档中的 hello 后面应该是中文汉字，这里 hello 后面没有内容是空白的，这说明输出中文时出现了乱码，将 test.txt 文件修改为 UTF-8 编码后，重新执行 demo5-1.js，执行结果如图 5-6 所示。

图 5-6　demo5-1.js 执行结果

从图 5-6 中可以看出中文字符不再乱码了，这是由于使用了 UTF-8 编码，UTF-8（8-bit Unicode Transformation Format）是一种针对 Unicode 的可变长度字符编码，包含了简体和繁体的中文字符，能正确显示多种语言，所以在出现乱码时，一般建议使用 UTF-8 编码。

5.1.2　Buffer 的构造函数

了解了二进制数据后，下面开始介绍用来存储二进制数据的 Buffer 缓冲区。

缓冲区是在内容中操作数据的容器，Node.js 中的 Buffer 缓冲区模块，支持开发者在缓冲区结构中创建、读取、写入和操作二进制数据，该模块是全局性的，所以在使用时不需要使用 require() 函数来加载。

在 Node.js 手册中查找到 Buffer 的创建方式，具体如下：

new Buffer(array)、new Buffer(buffer)、new Buffer(arrayBuffer[, byteOffset [, length]])、new Buffer(size)、new Buffer(str[, encoding])。

从上述方式中可以看出，Buffer() 构造函数用于创建 Buffer 对象，其中的参数可以是字节（size）、数组（array）、buffer 对象、字符串（str）等。

方法 1．传入字节：

使用 Buffer 自己创建一个内存空间，单位为字节，语法如下：

```
var buf = new Buffer(size);
```

在上述语法中，size 代表字节大小，例如创建了 5 个字节的内存空间，就向 Buffer() 构造函数中传递参数 5。

方法 2．传入数组：

通过传入数组方式创建 Buffer 实例，语法如下：

```
var buf = new Buffer([10, 20, 30, 40, 50]);
```

在上述语法中参数为自定义数组。

方法 3．传入字符串和编码：

```
var buf = new Buffer("hello", "utf-8");
```

在上述方法中，"hello" 为 JavaScript 字符串，Buffer 和 JavaScript 字符串对象之间的转换需要显式地调用编码方法来完成，"utf-8" 为 Buffer 默认支持的编码方式，可以省略。

除 utf-8 编码外，Buffer 同样支持以下编码：

（1）ascii：仅用于 7 位 ASCII 字符。这种编码方法非常快，并且会丢弃高位数据。

（2）utf16le：两个字节，UTF-16LE 代表 Unicode 转换格式——16 位小端字节序。

（3）ucs2：两个字节，以小尾字节序（Little-Endian）编码的 Unicode 字符。它只能对 BMP（基本多文种平面，U+0000 ～ U+FFFF）范围内的字符编码。

（4）base64：Base64 字符串编码，Base64 是网络上最常见的用于传输 8 字节代码的编码方式之一。

（5）hex：Hex 字符串编码，Hex 全称是 Intel HEX。Hex 文件是由一行行符合 Intel HEX 文件格式的文本所构成的 ASCII 文本文件。在 Intel HEX 文件中，每一行包含一个 HEX 记录。这些记录由对应机器语言码或常量数据的十六进制编码数字组成。

5.1.3 写入缓冲区

在进行文件复制的过程中，首先要将源文件的数据读取出来，然后写入 Buffer 缓冲区中。写入 Node.js 缓冲区的语法如下：

```
buf.write(string[, offset[, length]][, encoding]);
```

上述语法执行后将返回实际写入的大小。如果 Buffer 空间不足，则只会写入部分字符串。各参数说明如表 5-1 所示。

表 5-1　参数说明

参　　数	说　　明
string	写入缓冲区的字符串
offset	缓冲区开始写入的索引值，默认为 0
length	写入的字节数，默认为 buffer.length
encoding	使用的编码，默认为 'utf8'

下面通过一个案例演示如何向缓冲区写入数据，在 chapter05 目录下创建文件 demo5-2.js，并在该文件中添加如下代码。

demo5-2.js：

```
1   /*
2    * 写入缓冲区
3    */
4   // 创建一个可以存储 5 个字节的内存空间对象
5   var buf = new Buffer(5);
6   // 通过 buffer 对象的 length 属性可以获取 buffer 缓存中的字节大小
7   console.log(buf.length);
8   // 向缓冲区写入 a
9   buf.write('a');
10  // 输出缓冲区数据
11  console.log(buf);
12  // 向缓冲区写入 b
13  buf.write('b', 1, 1, 'ascii');
14  // 输出缓冲区数据
15  console.log(buf);
```

在上述代码中，第 5 行创建了一个 5 个字节的内存空间对象，在第 7 行通过 buf.length 属性输出该空间的字节大小，在第 9 行使用 buf.write() 函数向该空间写入 a，在第 13 行写入 b，需要注意的是，写入 b 时需要在第二个参数传入缓冲区开始写入的索引值，因为 0 的位置已经被 a 占用了，第三个参数表示传入的字节数，这里一个英文字母占一个字节。

打开终端，执行 demo5-2.js，执行结果如图 5-7 所示。

图 5-7　demo5-2.js 执行结果

从图 5-7 中可以看到，第一行输出了字节数 5，后面两行分别输出了写入数据后缓冲区的情况，在 ascii 编码表中字母 a 的十六进制数表示为 61，占用一个字节，b 表示为 62，占用一个字节。

5.1.4　从缓冲区读取数据

在进行文件复制的过程中，源文件的数据写入缓冲区后，还需要从缓冲区中读取出来再写入目标文件。读取 Node.js 缓冲区数据的语法如下：

```
buf.toString([encoding[, start[, end]]]);
```

上述语法执行后，将解码缓冲区数据并使用指定的编码返回字符串，各参数说明如表 5-2 所示。

表 5-2　参数说明

参　　数	说　　明
encoding	使用的编码，默认为 'utf8'
start	指定开始读取的索引位置，默认为 0
end	结束位置，默认为缓冲区的末尾

在前面学习文件读取的过程中，曾经调用过 data.toString() 函数，这个 data 就是一个 Buffer 对象，等价于上述语法中的 buf。

下面通过一个案例来演示如何获取缓冲区的数据，在 chapter05 目录下创建文件 demo5-3.js，并在文件中添加如下代码。

demo5-3.js：

```
1   /*
2    * 读取缓冲区
3    */
4   // 创建一个可以存储 26 个字节的内存空间对象
5   var buf = new Buffer(26);
6   // 像 buffer 数组中存入 26 个字母对应的编码
7   for(var i = 0 ; i < 26 ; i++) {
8      buf[i] = i + 97;
9   }
10  // 输出全部字母
```

```
11  console.log( buf.toString('ascii'));
12  // 输出：abcdefghijklmnopqrstuvwxyz
13  //输出前 5 个字母
14  console.log( buf.toString('ascii',0,5));    // 输出：abcde
15  // 输出：'abcde'
16  console.log(buf.toString('utf8',0,5));
17  // 输出：'abcde', 默认编码为 'utf8'
18  console.log(buf.toString(undefined,0,5));
```

在上述代码中，首先创建一个 26 个字节的 Buffer 缓冲区， ascii 和 utf8 编码中 a 对应的十进制编码为 97，b 对应 98，c 对应 99，依次类推，在第 7 行使用 for 循环将 26 个字母对应的编码写入缓冲区，然后在第 11 行使用 buf.toString() 函数输出所有字母，在第 14 行和 16 行传入参数、编码、索引值和字节数（每个字母占一个字节），这两行都会输出前 5 个字母，第 18 行也能正确输出是因为编码默认为 utf8。

打开终端，执行 demo5-3.js，执行结果如图 5-8 所示。

图 5-8　demo5-3.js 执行结果

5.1.5　拼接缓冲区

在实际开发中，有时会遇到这样的需求，输出两个或多个缓冲区中内容的组合。为了解决这样的需求，Node .js 中提供拼接缓冲区的函数，语法如下：

```
buf.concat(list[, totalLength]);
```

上述语法执行后返回一个多个成员合并的新 Buffer 对象。其中，list 用于合并的 Buffer 对象数组列表，totalLength 用于指定合并后 Buffer 对象的总长度。

下面通过一个案例来演示如何拼接缓冲区，在 chapter05 目录下创建文件 demo5-4.js，并在文件中添加如下代码。

demo5-4.js：

```
1   /*
2    * 拼接缓冲区
3    */
4   // 创建两个缓冲区
5   var buf = new Buffer('世上无难事，');
6   var buf1 = new Buffer('只怕有心人 ');
7   // 执行拼接操作
```

```
8    var buf2= Buffer.concat([buf,buf1]);
9    // 输出拼接后缓冲区的内容
10   console.log("buf2 内容: " + buf2.toString());
```

在上述代码中首先创建两个 Buffer 对象 buf 和 buf1，并在缓冲区写入内容，然后创建 buf2 对象，并且使用 Buffer.concat() 函数将 buf 和 buf1 两个缓冲区进行合并，赋值给 buf2，最后输出拼接后缓冲区的内容。

打开终端，执行 demo5-4.js，结果如图 5-9 所示。

图 5-9 demo5-4.js 执行结果

从图 5-9 可以看出，两个缓冲区的内容拼接成功。

5.2 Stream 文件流

由于 Buffer 缓冲区限制在 1 GB，超过 1 GB 的文件无法直接完成读 / 写操作，在读 / 写大文件时，如果读 / 写资源一直持续不停止，Node.js 将无法继续其他工作。为此，Node.js 中提供了 Stream 文件流模块，用来解决大数据文件操作的问题。

5.2.1 文件流的概念

通过前面章节的学习可知，Node.js 的 File System 模块并没有提供一个 copy 的方法，但是通过读取文件和写入文件的方式可以实现，即把文件 A 的内容全部读入 Buffer 缓冲区，然后再从缓冲区读出写入文件 B，该过程的执行流程图如图 5-10 所示。

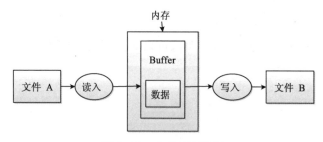

图 5-10 文件复制流程

在图 5-10 中，可以看到读取数据需要存放到 Buffer 缓冲区中，然后在从缓冲区读出写入到文件，Buffer 缓冲区限制在 1 GB，这样的操作对于小型的文本文件，没有多大问题，但是对于体积较大的文件，比如音频、视频文件，动辄几吉字节大小，如果使用这种方法，很容易使内存"爆仓"。理想的方法应该是读一部分，写一部分，不管文件有多大，只要时间允许，总会处理完成，这里就需要用到流的概念，文件复制操作使用文件流的读 / 写机制进行会防止"爆仓"现象的出现，流程如图 5–11 所示。

在图 5–11 中可以看到，文件 A 中数据以流动的形式通过数据流管道，然后进入到文件 B 中，采用"读一部分，写一部分"的方式。流的好处是接收方可以提前处理，缩短等待时间，提高速度。例如，在网络上观看视频，并不是整个视频下载好了才播放的，而是下一点播一点。

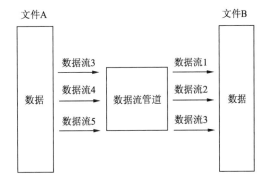

图 5–11　文件流读写机制

在 Node.js 中，文件流的操作由 Stream 模块提供，Stream 是一个抽象接口，Node.js 中还有很多对象实现了这个接口。例如，对 HTTP 服务器发起请求的 request 对象就是一个 Stream，还有 stdout（标准输出）等。

Node.js 中，Stream 有 4 种流类型：

（1）Readable：可读操作（可读流）。

（2）Writable：可写操作（可写流）。

（3）Duplex：可读可写操作（双向流、双工流）。

（4）Transform：操作被写入数据，然后读出结果（变换流）。

在 Node.js 中，很多模块涉及流的读 / 写，例如，HTTP requests and responses、Standard input/output 、File reads and writes。Node.js 中的 I/O 是异步的，因此对磁盘和网络的读 / 写需要通过回调函数来读取数据，而回调函数需要通过事件来触发，所有的 Stream 对象都是 EventEmitter（事件触发器）的实例。常用的事件如表 5–3 所示。

表 5–3　Stream 常用事件

事　　件	说　　明
data	当有数据可读时触发
end	没有更多的数据可读时触发
error	在接收和写入过程中发生错误时触发
finish	所有数据已被写入到底层系统时触发

5.2.2　Node.js 的可读流和可写流

与 Buffer 的读 / 写操作类似，Stream 中的可读流和可写流也用于读 / 写操作。

1. 可读流

使用文件流进行文件复制，首先需要创建一个可读流（Readable Stream），可读流可以让用户在源文件中分块读取文件中的数据，然后再从可读流中读取数据。在 Node.js 中，创建可读流的语法如下：

```
fs.createReadStream(path[, options]);
```

在上述语法中，path 代表文件路径，options 是一组 key-value 值，常用的设置如表 5-4 所示。

表 5-4　option 常用设置

值	说　明
flags	对文件进行何种操作，默认为 r，读文件
encoding	指定编码，默认为 null，如果不设置具体的编码格式，读出的数据就是 Buffer 类型；也可以使用 rs.setEncoding("utf-8") 指定编码格式
start	从 start 开始读取文件
end	读取文件到 end 为止（包括 end）

由于流是基于 EventEmitter 的，从流读取数据最好的方法是监听数据事件(data event)，并附加一个回调函数，当一个数据块有效时，可读流会触发一个 data 事件，并执行回调函数，返回数据，这个操作是循环进制的，一直到读取完毕。在读取发生错误或者读取完毕就会触发 error 或者 end 事件。

下面通过一个案例来演示 Node.js 如何从流中读取数据。

（1）在 chapter05 中创建目录 demo5-5，并在该目录中创建文件 input.txt，在该文件中添加内容"老师是我心中的太阳，她教给了我们知识"。

（2）在 chapter05\demo5-5 目录中创建文件 demo5-5.js，并在该文件中添加如下代码。

demo5-5.js：

```
1   /**
2    *  从流中读取数据
3    */
4   var fs = require("fs");
5   var total = '';
6   // 创建可读流
7   var readableStream = fs.createReadStream('input.txt');
8   // 设置编码为 utf8。
9   readableStream.setEncoding('UTF8');
10  // 处理流事件 data\end\and\error
11  readableStream.on('data', function(chunk) {
12      total += chunk;
13  });
14  readableStream.on('end',function(){
```

```
15      console.log(total);
16  });
17  readableStream.on('error', function(err){
18      console.log(err.stack);
19  });
20  console.log(" 程序执行完毕 ");
```

在上述代码中，由于创建可读流的 createReadStream() 函数由 fs 模块提供，所以需要首先加载 fs 模块，创建完成后 readableStream 这个流是一个静止的状态，在第 11 行绑定了 data 事件，并附加了一个回调函数的时候，流就开始流动。之后数据就会通过 chunk 参数流向（传递）给回调函数。chunk 参数代表触发 data 事件后返回的数据块，每返回一次都在第 12 行追加到 total 中，第 14~16 行用于处理流事件 end，在读取结束后输出数据 total，第 17~19 行用来处理流的错误事件 error。

打开终端，执行 demo5-5.js，执行结果如图 5-12 所示。

图 5-12　demo5-5.js 执行结果

从图 5-12 可以看出，数据被成功读取了，并且流事件的操作都是异步的，所以首先输出"程序执行完毕"，然后输出内容。

2. 可写流

可写流（Writable Stream）让用户可以写数据到目的地，像可读流一样，它也是基于 EventEmitter。在 Node.js 中，创建可写流的语法如下：

```
fs.createWriteStream(path[, options]);
```

在上述语法中，path 代表文件路径，options 是一组 key-value 值，常用的设置如表 5-5 所示。

表 5-5　option 常用设置

值	说　　明
flags	对文件进行何种操作，默认为 w，写文件
encoding	指定编码，默认为 null，如果不设置具体的编码格式，读出的数据就是 Buffer 类型；也可以使用 rs.setEncoding("utf-8") 指定编码格式
start	从 start 开始写入文件
end	写入文件到 end 为止（包括 end）

把一个数据写到可写流中需要调用流的实例方法 write()，结合可读流的知识，就可以完成大文件的复制案例，为了方便操作这里使用记事本文件，具体步骤如下：

（1）在 chapter05 中创建目录 demo5-6，并在该目录中创建文件 input.txt，在该文件中添加内容"老师是我心中的太阳，她教给了我们知识"。

（2）在 chapter05\demo5-6 目录中创建文件 demo5-6.js，并在该文件中添加如下代码。

demo5-6.js：

```
1  /**
2   *  使用文件流进行文件复制
3   */
4  var fs = require('fs');
5  // 创建可读流
6  var readableStream = fs.createReadStream('input.txt');
7  // 创建可写流
8  var writableStream = fs.createWriteStream('output.txt');
9  readableStream.setEncoding('utf8');
10 readableStream.on('data', function(chunk){
11     // 将读出的数据块写入可写流
12     writableStream.write(chunk);
13 });
14 readableStream.on('error', function(err){
15     console.log(err.stack);
16 });
17 readableStream.on('end',function(){
18     // 将剩下的数据全部写入，并且关闭写入的文件
19     writableStream.end();
20 });
21 writableStream.on('error', function(err){
22     console.log(err.stack);
23 });
```

在上述代码中，首先创建可读流和可写流，然后为可读流设置编码为 utf8，在第 10 行为可读流绑定 data 事件，然后在第 12 行将读取的数据块写入可写流，第 19 行中调用可写流的 end() 函数，该函数的作用是将剩下的数据全部写入，并且关闭写入的文件，停止写入操作。

打开终端，执行 demo5-6.js，执行结果如图 5-13 所示。

图 5-13　demo5-6.js 执行结果

从图 5-13 可以看出，读 / 写操作没有提示错误，表示文件复制成功，这时打开 chapter05\demo5-6 目录可以看到 output.txt 文件，打开 output.txt 文件，可以看到与

input.txt 文件中相同的内容，如图 5-14 所示。

图 5-14　output.txt 文件

5.2.3　使用 pipe() 处理大文件

在使用大文件复制的案例中，通过可读流的 chunk 参数来传递数据，如果把数据比作是水，这个 chunk 就相当于盆，使用盆来完成水的传递。在可读流中还有一个函数叫作 pipe()，这个函数是一个很高效的文件处理方式，可以简化之前复制文件的操作，pipe 翻译成中文是管子的意思，使用 pipe() 进行文件复制相当于把盆换成管子，通过管子来完成数据的读取和写入。

下面通过案例来演示如何使用 pipe() 处理大文件复制，具体步骤如下：

（1）在 chapter05 中创建目录 demo5-7，并在该目录中创建文件 input.txt，在该文件中添加内容"老师是我心中的太阳，她教给了我们知识"。

（2）在 chapter05\demo5-7 目录中创建文件 demo5-7.js，并在该文件中添加如下代码。demo5-7.js：

```
1  /**
2   *  使用 pipe() 进行文件复制
3   */
4  var fs = require('fs')
5  // 源文件路径
6  var srcPath = 'c:/Course/code/chapter05/demo5-7/input.txt';
7  // 目标文件路径
8  var distPath = 'c:/Course/code/chapter05/demo5-7/input.txtoutput.txt';
9  var readableStream = fs.createReadStream(srcPath);
10 var writableStream = fs.createWriteStream(distPath);
11 // 可以通过使用可读流的函数 pipe () 接入到可写流中
12 //pipe() 是一个很高效的数据处理方式
13 if(readableStream.pipe(writableStream)){
14     console.log(' 文件复制成功了 ')
15 }else{
16     console.log(' 文件复制失败了 ')
17 }
```

在上述代码中，srcPath 为源文件路径，distPath 为目标文件路径，将 srcPath 传入 createReadSream() 函数，创建可读流，将 distPath 传入 createWriteStream() 函数，创建可写流，然后通过可读流调用 pipe() 函数，将可写流作为参数传入，完成文件的复制。

打开终端，执行 demo5-7.js，结果如图 5-15 所示。

图 5-15　demo5-7.js 执行结果

从图 5-15 可以看出，读 / 写操作没有提示错误，表示文件复制成功，这时打开 chapter05\demo5-7 目录可以看到 output.txt 文件，打开 output.txt 文件，可以看到与 input.txt 文件中相同的内容，如图 5-16 所示。

图 5-16　output.txt 文件

小　结

本章讲解了 Node.js 中处理数据的缓冲区 Buffer 和文件流 Stream。

计算机可以识别的数据只有二进制数据，原生 JavaScript 无法处理二进制数据。Buffer 库在内存中创建一个专门存放二进制数据的缓冲区，在内存中预留了存储空间，用来暂时保存输入或输出的数据。主要操作有，向缓冲区写入数据、从缓冲区读取数据、合并多个缓冲区中的数据。

文件流 Stream 主要用于处理一些大数据量的文件，采用流动式读一部分写一部分来实现数据处理。主要操作有，创建可读流、创建可写流、使用 pipe() 处理大文件复制。

数据与文件的处理是服务器端编程与客户端编程的本质区别所在，对于擅长前端编程的读者，应该重点掌握本章的内容，习惯用服务器端的思想来理解数据处理的问题。

【习题】

1. 列举 3 种创建 Buffer 对象的常用方式，并进行描述说明。
2. 简述在文件复制过程中，可读流和可写流的作用。

第6章

Node.js 网络编程

如今人们正处于互联网时代，可以随时随地通过 Internet 上网、浏览新闻、玩游戏、上淘宝购物等，这些过程都发生了网络数据的交互，需要网络编程技术进行支持，在 Node.js 中为网络编程提供了很多友好的 API，最基本的两个模块是 Net 和 HTTP，本章将针对 Node.js 网络编程中的 Net 模块进行详细的讲解。

【教学导航】

学习目标	(1) 了解什么是 IP 地址和端口号 (2) 熟悉套接字 Socket 简单模型 (3) 掌握 Node.js 中如何实现套接字服务 (4) 掌握 Node.js 进程管理 (5) 实现终端聊天室案例
教学方式	以理论讲解、代码演示和案例效果展示为主
重点知识	(1) Net.Server 对象 (2) Net. Socket 对象 (3) Process 模块获取终端输入 (4) 多人广播消息
关键词	Socket、Process

6.1 Node.js 网络编程基础

网络编程就是在两个或两个以上的设备（例如计算机、手机、服务器、智能电视等）之间进行传输数据，也叫作网络通信。程序员所做的事情就是把数据发送到指定的位置，或者接收到指定的数据，这个就是狭义的网络编程。在发送和接收数据时，大部分程序设计语言都设计了 API 实现这些功能，Node.js 也不例外，提供了专门的网络编程模块，在开发过程中程序员只需使用这些 API 便可以完成网络通信。所以，经常有人说基础的网络编程可以像打电话一样简单。

6.1.1 IP 地址和端口号

学习网络编程首先需要了解 IP 地址和端口号的作用，下面为读者进行详细介绍。

在本书的第 2 章曾经介绍过客户端和服务器，服务器的本质就是一台计算机，在客户端上操作一些应用，如通过浏览器可以向服务器端发送数据，那么客户端就需要通过找到对应的服务器设备，并且找到该服务器设备上对应的服务器软件进行处理，这个过程就需要 IP 地址和端口号进行支持，如图 6-1 所示。

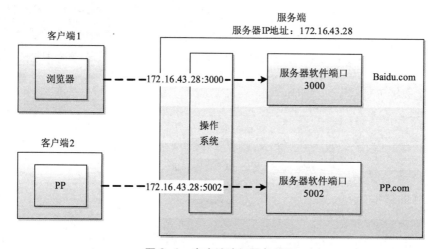

图 6-1　客户端访问服务器端

从图 6-1 中可以看出，客户端 1 通过浏览器访问 Baidu 搜索网站，会向 Baidu 服务器发送数据，该过程通过服务器 IP 地址 172.16.43.28 找到服务器，然后通过端口号 3000 找到监听 Baidu.com 的服务器软件，由该软件接收数据；客户端 2 访问 PP 某社交软件，需要使用相同的方式找到服务器，然后通过端口号 5002 找到 PP 的服务器软件，客户端可以通过 IP 地址找到服务器设备，而端口号可以理解为在发送数据时定位到不同服务器应用程序的标识。

与图 6-1 的过程相似，当服务器端处理完数据需要向客户端返回时，也会通过客户端的 IP 地址找到客户端设备，并且通过端口号，定位到相应的客户端程序，由该客户端程序来接收数据，过程如图 6-2 所示。

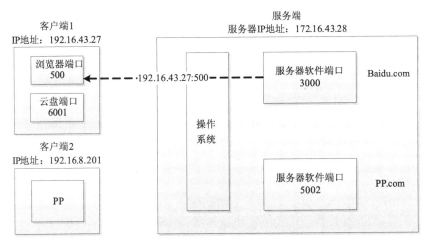

图 6-2　服务器端访问客户端

在图 6-2 中，Baidu.com 通过 IP 地址访问客户端计算机，并且通过端口号 500 定位到浏览器，将数据成功发送到浏览器，由此可以看出 IP 地址是用来定位一台计算机的，这台计算机可以是服务器，也可以是客户端，需要注意的是 IP 地址对于计算机是唯一的，一个端口号也只能被一个应用程序所占用。

6.1.2　套接字 Socket 简单模型

学习 Socket 之前首先需要了解一下 TCP/IP 协议，TCP/IP 协议是 TCP 和 IP 协议的合称，TCP（Transfer Control Protocol，传输控制协议）是一种稳定可靠的传送方式，TCP 负责发现传输的问题，一有问题就发出信号，要求重新传输，直到所有数据安全正确地传输到目的地为止。而 IP 是给互联网的每一台联网设备规定一个地址。

TCP/IP 协议包含因特网整个 TCP/IP 协议簇。在应用层面的包括 TFTP、HTTP、SNMP、FTP、SMTP、DNS、Telnet 协议等。

Socket 的英文原义是"孔"或"插座"。在程序方面，可理解为接口对象，在网络编程中通常也称作"套接字"，常用于描述 IP 地址和端口等。Socket 是支持 TCP/IP 的网络通信的基本操作单元，可以看作是不同主机之间的进程进行双向通信的端点，简单地说就是通信两方的一种约定。作为一个抽象的概念，简单理解，Socket 就是对 TCP/IP 协议的封装，Socket 本身并不是协议，而是一个调用接口（API）。

Socket 中包含了进行网络通信必需的 5 种信息：连接使用的协议、客户端设备的 IP 地址、客户端的端口号、服务器端的 IP 地址、服务器端口。

Socket 需要使用套接字地址来开展工作，套接字地址就是 IP 地址和端口号的组合，套接字服务与其他网络服务不同，不需要处理网络中的 GET 或 POST 请求，而是采用点对点传输数据方式,是一个轻量级的网络通信解决方案。在套接字服务中,服务器用来监听连接,客户端用来打开一个到服务器的连接,服务器和客户端都需要一个唯一的 IP 地址和端口号组合。

下面通过一幅图来演示 Socket 的简单模型,如图 6-3 所示。

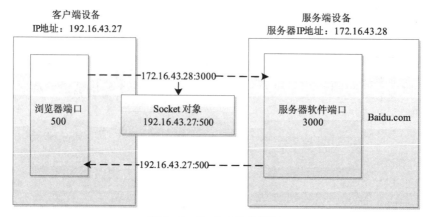

图 6-3 Socket 简单模型

在图 6-3 中,客户端设备首先通过浏览器访问服务器设备,并且将自己的 IP 地址和端口号 192.16.43.27:500 放入浏览器的 Socket 对象中,当服务器软件需要向客户端返回数据时,首先从 Socket 对象中取出客户端的 IP 地址和端口号,再发送数据,由此可以看出,Socket 可以理解为一个封装了 IP 地址和端口号的接口对象而已。本书中要求读者理解 Socket 的作用,对后面的学习会有一定的帮助。

■ **多学一招:** Node.js 名字的由来

网络编程技术是当前一种主流的编程技术,因为几乎所有网络应用程序都需要进行网络通信,Node.js 作为网络通信工具,它的名称与网络编程有很大的关系,下面为读者进行介绍。

Node.js 的作者 Ryan Dahl 在创建 Node.js 项目时给它起了一个名字 web.js ,当时这个 web.js 就是一个 Web 服务器软件,类似于 Apache、tomcat、IIS 等服务器软件。后来,web.js 的发展超出了作者的最初想法,变成了构建网络应用的一个基础平台,在这个基础平台之上可以构建很多东西,比如服务器、客户端以及各种各样的命令行工具等。

Node.js 诞生的目的就是为了更加高效地处理网络数据,因为使用它进行网络编程时不需要使用其他的服务器软件进行支持,Node.js 本身就是一个服务器,在进行网络编程时,每一个进程构成网络应用中的一个结点。而 Node 翻译为中文就是结点的意思,最终 web.js 被更名为 Node.js。

Node.js 中实现套接字服务

Node.js 中的套接字服务由 Net 模块提供，其中包含了创建服务器 / 客户端的方法，引入该模块的语法如下：

```
var net = require('net');
```

在 Net 模块中提供的 API 如表 6-1 所示。

表 6-1　Net 模块 API

函　　数	描　　述
net.createServer([options] [, connectionListener])	创建一个 TCP 服务器。参数 connection Listener 自动给 connection 事件创建监听器
net.connect(options [, connectionListener])	返回一个新的 net.Socket，并连接到指定的地址和端口。当 socket 创建的时候，将会触发 connect 事件
net.createConnection(options [, connectionListener])	创建一个到端口 port 和 主机 host 的 TCP 连接。host 默认为 localhost
net.connect(port[, host] [, connectListener])	创建一个端口为 port 和主机为 host 的 TCP 连接。host 默认为 localhost。参数 connectListener 将会作为监听器添加到 connect 事件，返回 net.Socket
net.createConnection(port [, host][, connectListener])	创建一个端口为 port 和主机为 host 的 TCP 连接 。host 默认为 localhost。参数 connectListener 将会作为监听器添加到 connect 事件，返回 net.Socket
net.connect(path[, connectListener])	创建连接到 path 的 unix socket 。参数 connectListener 将会作为 监听器添加到 connect 事件上，返回 net.Socket
net.createConnection(path [, connectListener])	创建连接到 path 的 unix socket 。参数 connectListener 将会作为监听器添加到 connect 事件，返回 net.Socket
net.isIP(input)	检测输入的是否为 IP 地址。 IPv4 返回 4，IPv6 返回 6，其他情况返回 0
net.isIPv4(input)	如果输入的地址为 IPv4，返回 true，否则返回 false
net.isIPv6(input)	如果输入的地址为 IPv6，返回 true，否则返回 false

6.2.1　Net. Server 对象

在 Node.js 中，使用 net 模块可以创建一个 TCP 或本地服务器，语法如下：

```
var server = net.createServer([options][, connectionListener]);
```

在上述语法中，创建的 server 对象就是 Net.Server 对象，在该对象中提供了很多可调用的函数，让用户可以进行读取和写入 Socket 等操作，具体如表 6-2 所示。

表 6–2　Net.Server 对象函数

函　　数	描　　述
server.listen(port[, host] [, backlog][, callback])	监听指定端口 port 和主机 host ac 连接。默认情况下 host 接受任何 IPv4 地址 （INADDR_ANY）的直接连接。端口 port 为 0 时，则会分配一个随机端口
server.listen(path[, callback])	通过指定 path 的连接，启动一个本地 socket 服务器
server.listen(handle[, callback])	通过指定句柄连接
server.listen(options[, callback])	options 的属性：端口 port、主机 host 和 backlog，以及可选参数 callback 函数， 它们在一起调用 server.listen(port, [host], [backlog], [callback])。此外，参数 path 可以用来指定 UNIX socket
server.close([callback])	服务器停止接收新的连接，保持现有连接。这是异步函数，当所有连接结束 的时候服务器会关闭，并会触发 close 事件
server.address()	操作系统返回绑定的地址，协议簇名和服务器端口
server.unref()	如果这是事件系统中唯一一个活动的服务器，调用 unref 将允许程序退出
server.ref()	与 unref 相反，如果这是唯一的服务器，在之前被 unref 了的服务器上调用 ref 将不会让程序退出（默认行为）。如果服务器已经被 ref，则再次调用 ref 并不会 产生影响
server.getConnections(callback)	异步获取服务器当前活跃连接的数量。当 socket 发送给子进程后才有效；回 调函数有 2 个参数 err 和 count

　　当 Server 对象被创建后，在该服务器的生命周期中就存在了一些可触发的事件，用于当服务器的状态发生改变时做一些动作。例如，当有客户端连接到服务器时会触发 connection 事件，Server 对象中的可触发事件如表 6–3 所示。

表 6–3　Server 对象的事件

事　　件	描　　述
listening	当服务器调用 server.listen 绑定后会触发
connection	当新连接创建后会被触发。socket 是 net.Socket 实例
close	服务器关闭时会触发。注意，如果存在连接，这个事件不会被触发，直到所有的连接关闭
error	发生错误时触发。close 事件将被下列事件直接调用

　　了解了 Net.Server 对象后，通过一个案例来演示 Net.Server 服务器的基本创建步骤。

　　（1）在 C:\Course\code 目录下创建目录 chapter06。

　　（2）在 chapter06 目录下创建文件 demo6-1.js，并在该文件中添加如下代码。

demo6-1.js：

```
1  /**
2  * Net.Servet 创建服务器
```

```
3    */
4    // 1. 加载 net 核心模块
5    var net = require('net');
6    // 2. 创建一个服务应用程序，得到一个服务器实例对象
7    var server = net.createServer();
8    // 3. 监听客户端的连接事件 connection，连接成功就会执行回调处理函数
9    server.on('connection',function () {
10     console.log('有客户端连接上来了 ');
11   });
12   // 5. 服务器有一个事件叫作 listening ，表示开启监听成功之后回调处理函数
13   server.on('listening',function () {
14     console.log(' 服务器开启监听成功了，正在等待客户端连接 ');
15   });
16   // 4. 启动服务器，开启监听
17   // 监听 127.0.0.1: 3000 只能被本机所访问
18   server.listen(3000,'127.0.0.1');
```

在上述代码中，第 1 步需要加载 net 核心模块，第 2 步使用 net.createServer() 函数创建 server 对象，第 3 步通过 server.on() 方式监听客户端的连接事件 connection ，该事件只有第一次客户端与服务器连接成功之后才会触发，第 4 步使用 server.listen() 函数启动服务器，开启监听，如果开启监听成功了，触发 listening 事件，第 5 步使用 server.on 监听 listening 事件，并提示"服务器启动成功…"，需要注意的是，第 18 行 3000 为端口号，监听 127.0.0.1 表示只能被本机所访问。如果想被别的机器访问，要监听本机的网络地址，例如局域网中的 IP 地址。

对于 demo6-1.js 的服务器测试，可以在终端中直接进行，这样需要依赖一个 Window 系统自带的工具，叫作 Telnet。在终端使用者的计算机上使用 Telnet 程序，可以连接到服务器，可以把它看作"终端上的客户端"。

Telnet 在 Windows 系统上的启用步骤具体如下：

（1）打开 Windows 系统的"控制面板"，选择"程序和功能"，如图 6-4 所示。

图 6-4　控制面板

（2）进入"程序和功能"窗口，找到"打开或关闭 Windows 功能"，如图 6-5 所示。

图 6-5　程序和功能

（3）单击"打开或关闭 Windows 功能"，找到复选框"Telnet 客户端"，勾选该复选框，如图 6-6 所示。

单击"确定"按钮，功能启用完毕。

接下来就可以使用 Telnet 进行服务器测试，打开终端，执行 demo6-1.js，结果如图 6-7 所示。

从图 6-8 中可以看出服务器已经启动成功，这时另开启一个终端，使用 telnet 命令访问服务器，如图 6-8 所示。

图 6-6　Windows 功能

在图 6-8 中，使用 telnet 命令测试服务器监听的 127.0.0.1:3000，按【Enter】键后，观察 demo6-1.js 的终端执行结果，可以看到提示"有客户端连接上来了"，如图 6-9 所示。

图 6-7　demo6-1.js 执行结果

图 6-8　telnet 测试服务器

图 6-9　服务器被访问

6.2.2 Net.Socket 对象

在本书的 6.1.2 节中介绍了 Socket 的简单模型，在 Node.js 中提供了一个 Net.Socket 对象，用于方便调用底层 Socket 接口，实现数据传输的功能。

Net.Socket 实例实现了一 Duplex（双工、双向）流接口，提供了 Writable 和 Readable 所有功能，所以可以说它既是可读流也是可写流。

Net.Socket 对象同时在套接字服务器和客户端上创建，并且会允许数据在它们之间进行读取和写入，一旦 Socket 对象被创建，它就提供了一些在服务连接生命周期中可触发的事件，如表 6-4 所示。

表 6-4　Net.Socket 对象可被触发的事件

事　　件	描　　述
lookup	在解析域名后，但在连接前，触发这个事件。对 UNIX sokcet 不适用
connect	成功建立 socket 连接时触发
data	当接收到数据时触发
end	当 socket 另一端发送 FIN 包时，触发该事件
timeout	当 socket 空闲超时时触发，仅是表明 socket 已经空闲。用户必须手动关闭连接
drain	当写缓存为空得时候触发。可用来控制上传
error	错误发生时触发
close	当 socket 完全关闭时触发。参数 had_error 是布尔值，它表示是否因为传输错误导致 socket 关闭

前面曾经介绍过服务器和客户端可以从 Socket 对象中获取信息，Net.Socket 对象提供了一些信息相关属性，如表 6-5 所示。

表 6-5　Net.Socket 对象属性

属　　性	描　　述
socket.bufferSize	该属性显示了要写入缓冲区的字节数
socket.remoteAddress	远程的 IP 地址字符串，例如 '74.125.127.100' or '2001:4860:a005::68'
socket.remoteFamily	远程 IP 协议簇字符串，比如 'IPv4' or 'IPv6'
socket.remotePort	远程端口，数字表示，例如：80 or 21
socket.localAddress	网络连接绑定的本地接口、远程客户端正在连接的本地 IP 地址，用字符串表示。例如，如果在监听 '0.0.0.0' 而客户端连接在 '192.168.1.1'，这个值就会是 '192.168.1.1'
socket.localPort	本地端口地址，用数字表示。例如：80 or 21
socket.bytesRead	接收到得字节数
socket.bytesWritten	发送的字节数

Socket 对象中还提供了一些函数用来执行读取和写入等操作，常用函数如表 6-6 所示。

表 6-6　Net.Socket 对象函数

函　　数	描　　述
new net.Socket([options])	构造一个新的 socket 对象
socket.connect(port[, host] [, connectListener])	指定端口 port 和主机 host，创建 socket 连接。参数 host 默认为 localhost。通常情况不需要使用 net.createConnection 打开 socket。只有实现了自己的 socket 时才会用到
socket.connect(path [, connectListener])	打开指定路径的 unix socket。通常情况不需要使用 net.createConnection 打开 socket。只有实现了自己的 socket 时才会用到
socket.setEncoding([encoding])	设置编码
socket.write(data[, encoding][, callback])	在 socket 上发送数据。第二个参数指定了字符串的编码，默认是 UTF8 编码
socket.end([data][, encoding])	半关闭 socket。例如，它发送一个 FIN 包。可能服务器仍在发送数据
socket.destroy()	确保没有 I/O 活动在这个套接字上。只有在错误发生情况下才需要（处理错误等）
socket.pause()	暂停读取数据。就是说，不会再触发 data 事件。对于控制上传非常有用
socket.resume()	调用 pause() 后想恢复读取数据
socket.setTimeout(timeout[, callback])	socket 闲置时间超过 timeout 毫秒后，将 socket 设置为超时
socket.setNoDelay([noDelay])	禁用纳格（Nagle）算法。默认情况下 TCP 连接使用纳格算法，在发送前它们会缓冲数据。将 noDelay 设置为 true 将会在调用 socket.write() 时立即发送数据。noDelay 默认值为 true
socket.setKeepAlive([enable] [, initialDelay])	禁用 / 启用长连接功能，并在发送第一个在闲置 socket 上的长连接 probe 之前，可选地设定初始延时，默认为 false。设定 initialDelay（毫秒），来设定收到的最后一个数据包和第一个长连接 probe 之间的延时。将 initialDelay 设为 0，将会保留默认（或者之前）的值，默认值为 0
socket.address()	操作系统返回绑定的地址，协议簇名和服务器端口。返回的对象有 3 个属性，比如 { port: 12346, family: 'IPv4', address: '127.0.0.1' }
socket.unref()	如果这是事件系统中唯一一个活动的服务器，调用 unref 将允许程序退出。如果服务器已被 unref，则再次调用 unref 并不会产生影响
socket.ref()	与 unref 相反，如果这是唯一的服务器，在之前被 unref 了的服务器上调用 ref 将不会让程序退出（默认行为）。如果服务器已经被 ref，则再次调用 ref 并不会产生影响

介绍了 Net.Socket 对象的事件、属性、函数后，通过几个案例来演示 Net.Socket 对

象的具体使用。

1. 服务器向客户端发送消息

在服务器端当有客户端连接被接受时，会发射 connection 事件，服务器会把客户端的 IP 地址和端口号封装到一个 Socket 对象中，传递给 connection 事件处理函数的第一个参数中。下面通过案例来演示服务器端 Socket 对象的基本使用。

在 chapter06 目录下创建文件 demo6-2.js，并在该文件中添加如下代码。

demo6-2.js：

```
1   /**
2    * 在服务器端使用 Socket
3    */
4   // 1. 加载 net 核心模块
5   var net = require('net');
6   // 2. 创建一个服务应用程序，得到一个服务器实例对象
7   var server = net.createServer();
8   // 3. 监听客户端的连接事件，连接成功就会执行回调处理函数
9   server.on('connection',function (socket) {
10    console.log(' 有客户端连接上来了 ');
11    // 在服务器端可以获取到客户端的 IP 地址等信息
12    console.log(' 客户端IP地址: ' + socket.remoteAddress + ' 连接到了当前服务器 ');
13    // 当前连接成功之后的客户端发送一个 hello world
14    socket.write('hello world');
15  });
16  // 5. 服务器有一个事件叫做 listening ，表示开启监听成功之后回调处理函数
17  server.on('listening',function () {
18    console.log(' 服务器开启监听成功了，正在等待客户端连接 ');
19  });
20  // 4. 启动服务器，开启监听
21  server.listen(3000,'127.0.0.1');
```

在上述代码中，第 9 行在 connection 事件的回调函数中添加了 socket 参数，服务器和客户端连接成功时，该回调函数会被调用，并且返回 socket 对象。第 12 行使用 socket.remoteAddress 可以获取客户端的 IP 地址；第 14 行可以向客户端输出数据，socket 可以调用 write() 函数，也说明它就是一个可写流。

打开终端，执行 demo6-2.js 启动服务器，执行结果如图 6-10 所示。

图 6-10　demo6-2.js 执行结果

打开一个新的终端，使用 telnet 连接服务器，如图 6-11 所示。

图 6-11   telnet 测试服务器

按【Enter】键，在 telnet 客户端上可以看到服务器端返回的数据 hello world，如图 6-12 所示。

图 6-12   客户端数据

这时观察服务器端，可以看到客户端的 IP 地址输出，如图 6-13 所示。

图 6-13   服务器端输出

在服务器端，可以通过获取客户端的 Socket 对象的属性，得到客户端的信息，还可以通过 Socket 对象的函数（如 write()）向客户端发送信息。

2. 统计在线人数

每个服务器都可以被多个客户端进行访问，每次有新的客户端连接上来，connection 事件的回调函数都会被调用，每次调用就会有一个新的 socket 对象在回调函数中，下面通过一个案例演示在服务器端如何统计在线人数。

在 chapter06 目录中创建 demo6-3.js，并且在该文件中添加如下代码。

demo6-3.js：

```
1   /**
2    * 服务器端统计在线人数
3    */
4   var net = require('net');
5   var server = net.createServer();
6   var count = 0;
7   server.on('connection', function(socket) {
8     count++;
9     console.log('welcome , 当前在线人数: ' + count);
10    socket.write('remoteAddress'+socket.remoteAddress+'\n');
11    socket.write('remotePort'+socket.remotePort);
```

```
12  });
13  server.listen(3000, '127.0.0.1', function() {
14    console.log('server listening at port 3000');
15  });
```

在上述代码中，第 6 行定义了一个 count 变量，用来统计人数，每次有一个客户端连接成功都会触发一次 connection 事件，这时 count 的值就会加 1；在第 10 行和第 11 行输出了远程的 IP 地址和端口号，在这里代表客户端的地址和端口号，最后开启监听。

打开终端，执行 demo6-3.js 启动服务器，执行结果如图 6-14 所示。

图 6-14　demo6-2.js 执行结果

打开一个新的终端，作为客户端 1，使用 telnet 客户端连接服务器，如图 6-15 所示。

图 6-15　客户端 1 测试结果

再次打开一个新的终端，作为客户端 2 使用 telnet 客户端连接服务器，如图 6-16 所示。

图 6-16　客户端 2 测试结果

在图 6-16 和 6-17 中，两个客户端都是本机进行测试，所以客户端的 IP 地址都为本机地址，但是端口号分别为 4109 和 4347，这是由于每次客户端发出请求时都会生成一个随机的端口号，并将这个端口号和地址一起放入 Socket 对象中。这时观察 demo6-3.js 服务器端运行结果，可以看到当前在线人数为 2，如图 6-17 所示。

图 6-17　服务器端在线人数

3. 客户端与服务器双向通信

通过前面案例的学习，我们了解了服务器如何向客户端发送信息，套接字服务是可以实现双向通信的，那么客户端如何向服务器发送信息？这里，不再使用 Telnet 作为客户端进行测试，而是自己创建一个客户端，在 Net 模块中可以通过一些函数创建客户端。

常用语法如下：

```
net.createConnection(options[, connectListener]);
```

在上述语法中，createConnection() 的函数中只需要指定要访问服务器的端口号即可，函数执行完毕后会返回一个 Socket 对象，通过 Socket 对象的相关事件来实现客户端和服务器的通信。下面通过一个案例来演示客户端与服务器如何进行双向通信。

在 chapter06 目录中创建 demo6-4.js，并且在该文件中添加如下代码。

demo6-4.js：

```javascript
1   /**
2    * 双向通信 – 客户端
3    */
4   var net = require('net');
5   // 当调用 createConnection 之后，就会得到一个与服务器进行通信的 socket 对象
6   // 该对象中包含当前客户端与服务器通信的 IP 地址和端口号
7   var client = net.createConnection({
8     port: 3000
9   });
10  // 什么时候客户端和服务器连接成功了
11  // 可以通过监听 client 的 connect 事件来处理
12  client.on('connect',function () {
13    // 客户端与服务器连接成功了
14    console.log(' 客户端与服务器连接成功了 ');
15    client.write(' 你吃了吗? ');
16  });
17  client.on('data',function (data) {
18    // 输出服务器发送给当前客户端的数据
19    console.log(data.toString());
20  });
```

在上述代码中，首先使用 createConnection() 函数创建连接，返回的 client 就是一个 Socket 对象，该对象中包含当前客户端与服务器通信的 IP 地址和端口号；当客户端与服务器连接成功时，可以监听 Socket 的 connect 事件来处理，并且在第 15 行使用 write() 函数向服务器端发送消息"你吃了吗？"，最后监听 Socket 对象的 data 事件，并且输出服务器返回的消息。客户端建立完毕后创建服务器。

在 chapter06 目录中创建 demo6-5.js，并且在该文件中添加如下代码。

demo6-5.js：

```javascript
1   /**
2    * 双向通信——服务器
3    */
```

```
4   // 加载 net 模块
5   var net = require('net');
6   // 创建服务器
7   var server = net.createServer();
8   // 每一个客户端与服务器建立连接成功之后，都会触发一次 connection 事件
9   server.on('connection', function(socket) {
10    /* 以下部分应用于双向通信 */
11    // 通过监听 socket 对象的 data 事件来获取客户端发送给服务器的数据
12    socket.on('data', function(data) {
13      console.log(data.toString());
14      socket.write(' 我吃的小豆包 ');
15    });
16  });
17  server.listen(3000, '127.0.0.1', function() {
18    console.log('server listening at port 3000');
19  });
```

在上述代码第 12~15 行，监听 Socket 的 data 数据来获取客户端发送的消息，并且使用 socket.wite() 函数向客户端回复消息。测试该案例需要首先启动服务器，然后启动客户端。

打开终端，执行 demo6-5.js 启动服务器，执行结果如图 6-18 所示。

图 6-18　demo6-5.js 执行结果

打开一个新的终端，作为客户端，执行 demo6-4.js 向服务器建立连接，这时观察服务器端输出结果，如图 6-19 所示。

图 6-19　服务器端输出结果

同时客户端也有返回的消息，如图 6-20 所示。

图 6-20　客户端输出结果

到这里，客户端与服务器端的双向通信已经完成，可以总结为在客户端和服务器端都是通过 Socket 的 write() 函数向另一端发送数据，然后通过监听 Socket 的 data 事件获取数据。

6.3 Node.js 进程管理

进程可以看作是一个正在运行的应用程序，例如在前面小节的案例中使用的客户端和服务器，在运行时都可以叫作一个进程，在 Node.js 中提供了 Process 模块用来处理与进程相关的内容，由于进程相关内容较多，本书中主要介绍获取终端输入的 API，为 6.4 小节终端聊天室案例的实现打好基础。

6.3.1 Process 模块获取终端输入

在 6.2.2 节中，客户端与服务器的双向通信是通过代码实现的，因为我们无法直接在终端上进行信息输入，例如在客户端终端输入信息发送到服务器，这样的功能就需要依赖 Process 模块来完成。对于每一个终端来说，都是一个标准输入与标准输出的一个接口而已，在 Process 模块中提供了获取终端输入数据的方法，下面进行详细介绍。

Process 模块是一个无须使用 require() 就可以从 Node.js 应用程序进行访问的全局对象，在 Node.js 中可以通过如下方式来获取进程中输入的数据，也就是终端的输入数据。

```
process.stdin.on('data',function (data) {
  console.log(data.toString().trim());
});
```

在上述代码中，通过监听 process.stdin 对象的 data 事件，从 data 事件的回调函数中获取终端输入的数据，由于输入消息后需要按【Enter】键，系统会将这个动作识别为空格，所以使用 trim() 来去掉这个空格。

为了读者更好地掌握，下面通过一个案例在终端进行输入演示。在 chapter06 目录中创建 demo6-6.js，并且在该文件中添加如下代码。

demo6-6.js：

```
1  /**
2   * 测试获取终端输入
3   */
4  // 通过下面的方式就可以获取用户的输入
5  process.stdin.on('data',function (data) {
6    console.log(data.toString().trim());
7  });
```

打开终端，执行 demo6-6.js，结果如图 6-21 所示。

图 6-21　demo6-6.js 执行结果

在图 6-21 中第二行出现闪烁的光标，这时可以在终端输入内容，例如输入"123456"后按【Enter】键，如图 6-22 所示。

图 6-22　获取终端输入

在图 6-22 中，第一个"123456"是使用键盘输入的，第二个"123456"是按【Enter】键后获取到的输入信息，被输出到了终端。

6.3.2　多人广播消息

掌握了获取终端信息的方法后，就可以实现多人广播消息的功能。所谓多人广播消息就是在一个客户端输入信息时，除了自己以外的其他客户端都能到，这时就需要在服务器端获取该客户端输入的数据，然后将其发送到其他客户端。该功能的实现步骤如下：

（1）在 chapter06 目录下创建目录 manychat。

（2）在 manychat 目录下创建文件 server.js 作为服务器端，并且添加如下代码。

server.js：

```
1   /**
2    * 多人广播聊天服务器端
3    */
4   var net = require('net');
5   var server = net.createServer();
6   // 该数组用来封装所有客户端的 Socket
7   var users = [];
8   server.on('connection', function(socket) {
9     users.push(socket);
10    socket.on('data', function(data) {
11      data = data.toString().trim();
12      users.forEach(function(client) {
13        if(client !== socket) {
14          // 由于同一台计算机上不同客户端端口号不同，所以可以通过端口号来区分是谁说的话
15          client.write(client.remotePort+ ': ' + data);
16        }
```

```
17        });
18      });
19      // 当有客户端异常退出时，就会触发该函数
20      // 如果不监听客户端异常退出就会导致服务器崩溃
21      socket.on('error',function () {
22        console.log('有客户端异常退出了');
23      });
24    })
25  server.listen(3000, '127.0.0.1', function() {
26    console.log('server listening at port 3000');
27  });
```

在上述代码中，创建数组 users 用于存放每个客户端的 socket，然在第 10 行监听 data 事件，并且获取终端输入的数据，然后遍历 users 数组，将该数组中的每一个 client（socket 对象）与输入数据的客户端 socket 进行对比。如果不是输入数据的客户端，就将获取到的终端输入信息发送出去，这样做的目的就是输入信息的客户端收不到自己的消息。为了区分是哪个客户端输入的数据，所以在数据前面加上了该客户端的端口号。

（3）在 manychat 目录下创建文件 client.js 作为客户端，并且添加如下代码。

client.js：

```
1   /**
2    * 多人广播聊天客户端
3    */
4   var net = require('net')
5   // 向服务器端创建连接
6   var client = net.createConnection({
7     port:3000,
8     host:'127.0.0.1'
9   });
10  // 监听连接成功事件 connent
11  client.on('connect',function () {
12    // 通过当前进程的标准输入的 data 事件获取终端中的输入
13    process.stdin.on('data',function (data) {
14      data = data.toString().trim();
15      client.write(data);
16    });
17  });
18  // 监听data事件输入服务器返回的数据
19  client.on('data',function (data) {
20    console.log(data.toString());
21  });
```

在上述代码中，第 13~15 行用于获取终端输入的数据并且发送到服务器端，19~21 行用于接收服务器端返回的消息。

打开终端，执行 server.js 启动服务器，如图 6-23 所示。

图 6-23　server.js 执行结果

打开 3 个新的终端，执行 client.js 作为客户端，然后在第一个客户端中输入"大家好我是第一个客户端"，如图 6-24 所示。

图 6-24　第一个客户端

这时观察另外两个客户端，均收到了图 6-24 中输入的消息，如图 6-25 所示。

图 6-25　收到消息客户端

在图 6-25 中，可以看到第一个客户端的端口号是 6962，这时在第二个客户端中输入消息"我是第二个客户端"，第一个和第三个客户端也会收到，如图 6-26、图 6-27、图 6-28 所示。

图 6-26　客户端 1

图 6-27　客户端 2

图 6-28　客户端 3

关闭客户端的终端时，服务器端会提示客户端有异常退出的情况，如图6-29所示。

图 6-29　服务器端异常提醒

到这里，多人广播聊天的功能够已经实现。

6.4　案例——终端聊天室

学习了 Node.js 套接字服务和进程管理之后，就可以实现终端聊天室案例。该案例需要完成广播消息、用户注册和点对点聊天3个功能，为了让读者更好地理解案例的思路，下面首先进行案例描述和分析，然后再实现案例功能。

【案例描述】

终端聊天室的用户注册功能是，当任意打开一个客户端时，提示用户进行注册，如图 6-30 所示。

图 6-30　用户注册提示

在图 6-30 中，输入用户名"小明"后显示注册成功，如图 6-31 所示。

图 6-31　"小明"注册成功

注册成功后，打开一个新的客户端，再次使用"小明"进行注册，提示用户名已经存在，如图 6-32 所示。

图 6-32　用户已存在

在图 6-32 中继续输入"小红"，显示注册成功，如图 6-33 所示。

图 6-33 "小红"注册成功

小红的账户注册成功后,直接向终端输入"大家早上好",这时发送的消息为广播消息,所有客户端都可以看到,如图 6-34 和 6-35 所示。

图 6-34 "小红"的客户端

图 6-35 "小明"的客户端

如果要进行点对点消息,例如关系不错的小红和小明进行私聊,小红需要使用小明的用户名加上英文冒号的格式作为开头,小明给小红回复也需要使用这样的格式,这时发送的消息只有两个人能够看到,如图 6-36 和 6-37 所示。

图 6-36 点对点消息——小红

图 6-37 点对点消息——小明

【案例分析】

该案例主要实现三大功能，分别为用户注册、广播消息和点对点消息。根据功能将数据处理分为三大块，具体如下：

（1）处理用户注册的请求数据。

（2）处理广播消息请求数据。

（3）处理点对点消息请求数据。

通过 6.3.2 节学习的多人广播消息案例可知，客户端和服务器端可以轻松地实现数据通信，但是真正的聊天室中需要区分消息是由谁发出的，计算机本身是不能识别的，这就需要人为地制定一套规范。

该消息规范中根据功能需要制定一些参数，例如消息是注册、广播还是点对点，定义 protocal 参数代表数据类型，message 代表消息，from 代表消息由谁发出等，这些参数使用 JSON 格式发送数据更加直观，具体如下：

```
### 实现广播消息
{
  "protocal": "broadcast",           // 消息类型为广播
  "from": " 小红 ",                   // 发送消息的用户
  "message": " 大家早上好 "           // 用户发送的消息内容
}
### 实现用户注册
{
  "protocal": "signup",              // 消息类型为用户注册
  "username": ' 小明 '                // 用户名
}
当用户注册成功的时候，发送：
{
  "protocal": "signup",
  "code": "1000"                     // 该编码代表用户注册成功
  "message": ' 注册成功了 '
}
当用户名被占用的时候
{
  "protocal": "signup",
  "code": "1001"                     // 该编码代表用户名占用
  "message": ' 用户名被占用了 '
}
### 实现点对点消息
{
  "protocal": "p2p",                 // 消息类型为点对点
  "from": " 小红 ",                   // 发送消息的用户
```

```
    "to": "小明 ",
    "message": "你早上吃的什么 "
  }
```

该案例的模块结构主要分 5 个，首先需要一个服务器端的 server.js 和一个客户端 client.js，3 个业务功能分别封装为 3 个模块，用户注册 signup.js、广播消息 broadcast.js 和点对点消息 p2p.js。由于我们希望程序可以测试不同的服务器，所有 IP 地址和端口号可能会发生变动，这样的信息通常会放在一个单独的文件中，在需要时只需要修改这个配置文件即可，本案例的名称为 config，用于配置 IP 地址和端口。

1. 用户注册业务分析

在服务器端接收消息类型为 signup 时，会调用 signup.js 模块的函数，该模块中的业务逻辑是在用户不存在时注册成功，用户存在时提示注册失败，最后向客户端返回一个 JSON 数据，包括是否注册成功和提示新消息等。

2. 广播消息业务分析

用户注册成功后，该用户向控制台输入的数据默认为广播消息类型，在服务器端接收消息类型为 broadcast 时，会调用 broadcast.js 模块的函数，该模块中的业务逻辑是获取用户名称和消息内容形成组合消息，最后从所有用户中取出当前用户，使用当前用户的 socket 向客户端返回一个 JSON 数据，在客户端收到广播消息后直接输出。

3. 点对点消息业务分析

当用户输入"用户名＋英文冒号"开头的格式，代表发送的是点对点消息，这时在服务器端接收消息类型为 p2p，会调用 p2p.js 模块的函数，该模块中的业务逻辑首先需要判断目标用户是否存在，如果不存在给出提示，如果存在就将消息发出用户名、目标用户名和消息内容都返回给目标用户的客户端，在客户端进行消息拼接处理。

【案例实现】

清晰了本案例的业务逻辑后，进行代码实现，具体步骤如下：

（1）在 chapter06 目录下创建目录 chatroom，在该目录下创建配置文件 config，扩展名可以省略，并在该文件添加如下代码。

config：

```
module.exports = {
  "port": 3000,
  "host": "127.0.0.1"
}
```

在上述代码中，对外开放两个属性，端口号 port 和 IP 地址 host，这里的 IP 使用本机，方便测试。

（2）在 chatroom 目录下创建 client.js，并且在该文件中添加如下代码。

client.js：

```
1   /**
2    * 终端聊天室客户端
3    */
4   var net = require('net');
5   var config = require('./config');
6   var client = net.createConnection({
7     port: config.port,
8     host: config.host
9   })
10  // 用户注册成功后为该属性赋值
11  var username;
12  client.on('connect', function() {
13    console.log('请输入用户名: ');
14    process.stdin.on('data', function(data) {
15      data = data.toString().trim();
16        // 当用户注册成功之后，下面的数据格式就不能再使用了
17        // 判断一下是否已经有用户名了，如果已经有了，则表示用户要发送聊天数据
18        // 如果没有，则表示用户要发送注册数据
19      if(!username) {
20        var send = {
21            protocal: 'signup',
22            username: data
23          }
24        client.write(JSON.stringify(send));
25        return;
26      }
27      // 判断是广播消息还是点对点消息
28      // name: 内容
29      var regex = /(.{1,18}):(.+)/;
30      var matches = regex.exec(data);
31      if(matches) {
32        var from = username;
33        var to = matches[1];
34        var message = matches[2];
35        var send = {
36          protocal: 'p2p',
37          from: username,
38          to: to,
39          message: message
40        }
41        client.write(JSON.stringify(send));
```

```
42        } else {
43          var send = {
44            protocal: 'broadcast',
45            from: username,
46            message: data
47          }
48          client.write(JSON.stringify(send));
49        }
50      });
51    });
```

在上述代码中，首先完成了客户端向服务器发送消息的部分，第 11 行的 username 属性初始化为 underfind，用户注册成功后才会为该属性赋值，所以第 19~26 如果该属性值不存在就将终端输入当作用户名发送给服务器；如果用户注册成功，再次输入的数据，就会在第 29 行，通过正则表达式进行匹配，如果是点对点消息就向服务器发送点对点类型的 JSON 数据，否则发送广播类型的 JSON 数据。JSON.stringify() 用于可以将对象、数组转换成字符串。

（3）在 chatroom 目录下创建 server.js，并且在该文件中添加如下代码。

server.js：

```
1   /**
2    * 终端聊天室服务器端
3    */
4   var net = require('net');
5   var config = require('./config');
6   var broadcast=require('./broadcast.js');
7   var p2p=require('./p2p.js');
8   var signup=require('./signup.js');
9   var server = net.createServer();
10  var users = {};
11  server.on('connection', function(socket) {
12    socket.on('data', function(data) {
13      // 解析客户端发送的数据
14      data = JSON.parse(data);
15      // 根据客户端发送的数据类型, 做对应的操作
16      switch(data.protocal) {
17      case 'signup':
18        // 处理用户注册
19        signup.signup(socket,data,users);
20        break;
21      // 处理广播消息
22      case 'broadcast':
```

```
23          broadcast.broadcast(data,users);
24          break;
25       case 'p2p':
26          // 处理点对点消息
27          p2p.p2p(socket, data,users);
28          break;
29       default:
30          break;
31     }
32   });
33   socket.on('error', function() {
34     console.log('有客户端异常退出了');
35   });
36 });
37 // 3. 启动服务器, 开启监听
38 server.listen(config.port, config.host, function() {
39   console.log('server listening at port ' + config.port);
40 });
```

在上述代码中, 第 10 行定义 users, 用于存放注册的用户的 Socket, 第 14 行首先使用 JSON.parse() 将从客户端接收的 JSON 字符串转换为 JSON 对象, 第 16~31 行使用 switch 语句判断 data.protocal 的消息类型, 根据消息类型调用相应模块的业务处理。

(4) 在 chatroom 目录下创建 signup.js, 并且在该文件中添加如下代码。

signup.js:

```
1  /**
2   * 用户注册
3   * @param socket
4   * @param data 用户名
5   *  {protocal: 'signup',
6       username: '小明'}
7   * @param users 用户组
8   */
9  exports.signup=function (socket,data,users) {
10     // 处理用户注册请求
11     var username = data.username;
12     // 如果用户名不存在, 则将该用户名和它的 Socket 地址保存起来
13     if(!users[username]) {
14        users[username] = socket;
15        var send = {
16           protocal: 'signup',
17           code: 1000,
18           username: username,
```

```
19              message: '注册成功'
20          }
21          socket.write(JSON.stringify(send));
22      } else {
23          var send = {
24              protocal: 'signup',
25              code: 1001,
26              message: '用户名已被占用，请重新输入用户名：'
27          }
28          socket.write(JSON.stringify(send));
29      }
30  }
```

在上述代码中，通过判断 users 中是否存在用户名，对用户注册做出处理，第17行和25行的 code 用于让客户端区分是否注册成功，最后将消息发送给客户端。

（5）在 chatroom 目录下创建 broadcast.js，并且在该文件中添加如下代码。

broadcast.js：

```
1   /**
2    * 广播消息
3    * @param data 广播消息发送过来的 JSON 数据
4    * {
5    "protocal": "broadcast",           // 消息类型为广播
6    "from": " 小红 ",                   // 发送消息的用户
7    "message": " 大家早上好 "            // 用户发送的消息内容
8    }
9    */
10  exports.broadcast= function(data,users) {
11      var from = data.from;
12      var message = data.message
13      message = from + ' 说: ' + message;
14      var send = {
15          protocal: 'broadcast',
16          message: message
17      }
18      send = new Buffer(JSON.stringify(send));
19      for(var username in users) {
20          var tmpSocket = users[username];
21          tmpSocket.write(send);
22      }
23  }
```

在上述代码中，将用户名和消息进行拼接，然后从服务器传来 users 中获取当前用户

的 tmpSocket，使用 tmpSocket 将消息返回给客户端。

（6）在 chatroom 目录下创建 p2p.js，并且在该文件中添加如下代码。

p2p.js：

```
1   /**
2    *  点对点消息
3    *  @param socket
4    *  @param data 点对点消息的 JSON 数据
5    *  {
6      "protocal": "p2p",              // 消息类型为点对点
7      "from": " 小红 ",               // 发送消息的用户
8      "to": " 小明 ",
9      "message": " 你早上吃的什么 "
10   }
11   *  @param users 用户组
12   */
13  exports.p2p=function (socket,data,users) {
14      var from = data.from;
15      var to = data.to;
16      var message = data.message;
17      // 找到要发送给某个人的 Socket 地址对象
18      var receiver = users[to];
19      // 如果接收人不存在，告诉客户端没有该用户
20      if(!receiver) {
21          var send = {
22              protocal: 'p2p',
23              code: 2001,
24              message: '用户名不存在 '
25          }
26          socket.write(new Buffer(JSON.stringify(send)));
27      } else {
28          // xxx 对你说：xxx
29          var send = {
30              protocal: 'p2p',
31              code: 2000,
32              from: data.from,
33              message: message
34          }
35          receiver.write(new Buffer(JSON.stringify(send)));
36      }
37      // 如果接收人存在，则将消息发送给该用户
38  }
```

在上述代码中，首先判断消息接收的人是否存在，如果不存在，则发送提示消息，如果存在发送当前发送人的用户名和消息信息，第 23 行和第 31 行的 code 是为了让客户端区分用户名目标用户是否存在。

（7）在 client.js 的最后一行继续添加处理服务器返回数据的如下代码。

client.js：

```
1   client.on('data', function(data) {
2     data = JSON.parse(data);
3     switch(data.protocal) {
4       case 'signup':
5         var code = data.code;
6         switch(code) {
7           case 1000:
8             username = data.username;
9             console.log(data.message);
10            break;
11          case 1001:
12            console.log(data.message);
13            break;
14          default:
15            break;
16        }
17        break;
18      case 'broadcast':
19        console.log(data.message);
20        break;
21      case 'p2p':
22        var code = data.code;
23        switch(code) {
24          case 2000:
25            var from = data.from;
26            var message = data.message;
27            message = from + '对你说: ' + message;
28            console.log(message);
29            break;
30          case 2001:
31            console.log(data.message);
32            break;
33          default:
34            break;
35        }
36        break;
```

```
37    default:
38      break;
39    };
40  });
```

在上述代码中，通过监听客户端的 data 事件，获取客户端返回的数据，同样还是首先判断消息类型，然后根据不同的消息类型处理数据。这里需要注意几点：第 7 行，当 code 为 1000 时表示用户注册成功，这时需要将用户名赋值给 username，后面输入的消息就会识别为聊天数据。到这里终端聊天室的代码全部完成，测试方式参见案例描述。

小　结

本章主要讲解了 Node.js 网络编程的相关知识，即设备间数据的传输。IP 和端口号可以让客户端找到对应的服务器端。简单理解 Socket 就是对 TCP/IP 协议的封装，是一个调用接口（API）。Node.js 的 Socket 服务由 Net 模块提供的，Net.Server 对象和 Net.Socket 对象可以实现 Socket 写入和数据的传输。

Node.js 的进程管理也网络编程的一部分，在 Node.js 中提供了 Process 模块用来管理进程。Process 模块是一个无须使用 require() 就可以从 Node.js 应用程序进行访问的全局对象。通过 Process 模块可以实现多人广播，也通过多人广播的案例具体实现了网络编程。

本章最后完成了案例终端聊天室，即综合并总结了本章主题——网络编程，以及设备间数据的数据传输。

■ 【习题】

1. 说明什么是 Socket。
2. 简述一个完整的 Socket 中包含哪些内容。

第 7 章

Node.js 中实现 HTTP 服务

在第 6 章介绍的 Net 模块的网络编程是底层的，从功能上说，它既是服务器也是开发语言。在 Web 开发中，所有的通信都是以网络编程为基础模型的，Node.js 中主要的网络编程模块除 Net 外，还有 HTTP 模块。在学习 Net 模块的过程中，了解了 Sokcet 的知识，对 HTTP 模块的学习奠定了良好的基础。使用 HTTP 可以搭建一个完整的 Web 服务器，在实际开发中，这样的功能可以由某个框架封装好并提供，这里需要手动来搭建，从而加深对 HTTP 服务器的理解。本章将针对 Node.js 中实现 HTTP 服务进行详细讲解。

勇攀科技高峰

【教学导航】

学习目标	(1) 了解 HTTP 请求响应的流程 (2) 了解 HTTP 的请求报文和响应报文 (3) 掌握如何使用 HTTP 模块构建 Web 服务器 (4) 掌握使用 HTTP 服务处理请求
教学方式	以理论讲解、代码演示和案例效果展示为主
重点知识	(1) HTTP 的请求报文和响应报文 (2) 使用 HTTP 模块构建 Web 服务器 (3) 根据不同的 URL 发送不同响应消息 (4) HTTP 处理静态资源服务 (5) 动态处理静态资源请求
关键词	HTTP、请求报文、响应报文

7.1 HTTP 协议

在上网的过程中，当打开浏览器在地址栏中输入 URL，然后跳转到指定的页面时，这个页面是如何呈现的？例如，在浏览器地址栏输入 http://www.itheima.com，将跳转至黑马程序员的官方网站，如图 7−1 所示。

图 7−1　黑马程序员官方网站

传统的前端开发人员，对网页的呈现原理并不是很了解，这个问题也没有一个标准的答案，因为实现方式有很多。下面从 HTTP 的角度来解答这个问题，首先了解什么是HTTP 协议。

7.1.1　HTTP 协议简介

HTTP（Hyper Text Transfer Protocol）全称为超文本传输协议，它于 1990 年提出，经过多年的使用与发展，得到不断完善和扩展。HTTP 协议是用于从 WWW 服务器传输超文本到本地浏览器的传送协议，基于 TCP 的连接方式，它可以使浏览器更加高效，使网络传输减少。它不仅保证计算机正确快速地传输超文本文档，还确定传输文档中的哪一部分，以及哪部分内容首先显示（如文本先于图形）等。

所谓"协议"就是人为约定的一种规范，由双方共同遵守这个约定。也可以把协议比作一门语言，例如两个中国人说话使用汉语进行沟通，双方都能听懂。

网络上的计算机之间又是如何交换信息的呢？就像人们说话用某种语言一样，在网络上的各台计算机之间也有一种语言，称为网络协议。不同的计算机之间必须使用相同的网络协议才能进行通信，为了使不同计算机厂家生产的计算机能够相互通信，以便在更大的范围内建立计算机网络，国际标准化组织（ISO）在 1978 年提出了"开放系统互连参考模型"，即著名的 OSI/RM 模型（Open System Interconnection/Reference Model）。它将计算机网络体系结构的通信协议划分为七层，如图 7−2 所示。

在图 7-2 中自下而上依次为：物理层（Physics Layer）、数据链路层（Data Link Layer）、网络层（Network Layer）、传输层（Transport Layer）、会话层（Session Layer）、表示层（Presentation Layer）、应用层（Application Layer），在第 6 章中提到的 TCP/IP 协议簇中，TCP 协议属于传输层，传输层提供应用程序间的通信，其功能包括格式化信息流、提供可靠传输。而接下来要介绍的 HTTP 协议属于应用层，应用层向用户提供一组常用的应用程序，比如电子邮件、文件传输访问、远程登录等。

简单地说，HTTP 协议就是用于规范客户端浏览器和服务器端以什么样的格式进行通信数据交互，作为应用层的面向对象的协议，HTTP 由请求和响应构成，是一个标准的客户端服务器模型，也是一个无状态的协议。目前，在各大浏览器应用最为广泛的版本为HTTP1.1，基于 HTTP1.1 的客户端和服务器端的交互过程如图 7-3 所示。

图 7-2　通信协议分层　　　　图 7-3　HTTP1.1 交互过程

从图 7-3 中可以看出，当客户端与服务器端建立连接后，客户端可以向服务器端发送多个请求，并且在发送下个请求时，无须等待上次请求的返回结果。但服务器必须按照接收客户端请求的先后顺序依次返回响应结果，以保证客户端能够区分出每次请求的响应内容。由此可见，HTTP1.1 提供了一种非常高效的交互方式。

HTTP 协议的主要特点可概括如下：

（1）支持客户 / 服务器模式。

（2）简单快速：客户向服务器请求服务时，只需传送请求方法和路径。请求方法常用的有 GET、HEAD、POST，每种方法规定了客户与服务器联系的类型不同。由于 HTTP 协议简单，使得 HTTP 服务器的程序规模小，因而通信速度很快。

（3）灵活：HTTP 允许传输任意类型的数据对象。正在传输的类型由 Content-Type 加以标记。

（4）无连接：无连接的含义是限制每次连接只处理一个请求。服务器处理完客户的请求，并收到客户的应答后，即断开连接。采用这种方式可以节省传输时间。

(5) 无状态：HTTP 协议是无状态协议。无状态是指协议对于事务处理没有记忆能力。缺少状态意味着如果后续处理需要前面的信息，则它必须重传，这样可能导致每次连接传送的数据量增大。另一方面，在服务器不需要先前信息时它的应答就较快。

7.1.2　HTTP 请求响应流程

对 HTTP 协议有了简单的了解之后，对于本章前面提出的页面呈现问题，接下来要从 URL 说起。浏览器向服务器发送的 URL 地址中并没有出现 IP 地址，那么发送请求时怎样找到对应的服务器？

一个 URL 由几个不同的部分组成，每部分都会为 Web 服务器处理来自客户端 HTTP 请求提供的一块基本信息，一个 URL 的基本结构如图 7-4 所示。

服务方式或协议　　　　"/"后是资源的具体地址

http://www.itheima.com/index.html

主机地址（域名或IP）
和端口号（默认为80）

图 7-4　URL 基本结构

在图 7-3 中，"："前面的 HTTP 代表服务方式或协议，常见的如 POP3、FTP 等；"//"后面通常是主机地址和端口号的组合，主机地址可以是域名（如 www.itheima.com）或者直接是主机的 IP 地址，端口号没有指定默认为 80，"/"后的字符串表示资源的具体地址，实际开发中常常加密，或者不显示。由于上述 URL 中使用的是域名，而客户端向服务器端通信必须获取服务器端的 IP 地址，这时在客户端和服务器之间就需要一个代理服务器 DNS（Domain Name Server，域名服务器），它是进行域名和与之相对应的 IP 地址转换的服务器，转换过程如图 7-5 所示。

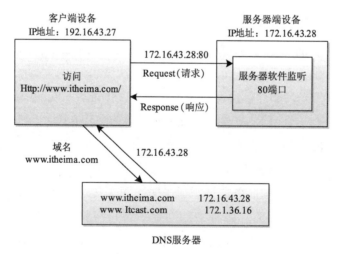

图 7-5　DNS 服务器解析域名

在图 7-5 中，当客户端通过浏览器访问 http://www.itheima.com/ 时，首先会从 DNS 服务器中查找域名 www.itheima.com 所对应的 IP 地址，然后通过 IP 地址去找要访问的服务器上监听 80 端口的服务软件，当请求处理后响应给客户端。在 Web 开发中请求操作通常叫作 request，响应操作叫作 response。

HTTP 请求响应报文流程如图 7-6 所示。

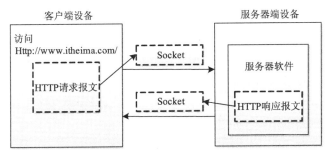

图 7-6　HTTP 请求响应报文流程

在图 7-6 中，在发送请求时，浏览器将用户输入的 URL 地址等按照 HTTP 协议的格式封装成了 HTTP 请求报文，存放在客户端的 Socket 对象中，服务器从 Socket 对象中获取报文，并且使用 HTTP 协议规定的方式进行解析。例如，客户端需要访问一个页面，服务器会在解析后将页面需要的数据响应给客户端，在做出响应时，也会将数据封装在 HTTP 响应报文中，并存放在服务器端的 Socket 对象中，这时客户端从 Socket 对象中获取响应报文，将响应数据解析成自己可以识别的字符。例如，返回数据是 HTML 页面，就渲染 HTML 和 CSS，解析和执行 JavaScript 代码等。

7.1.3　HTTP 的请求报文和响应报文

客户端和服务器在发送请求和做出响应时都是从 Socket 对象中获取对方的 IP 地址和端口号，那么 Socket 中信息以什么格式进行发送？

HTTP 协议中信息的格式以报文的形式呈现，报文就是有一定格式的字符串，只是这里的格式需要遵守 HTTP 协议规范。报文分为两种：请求报文和响应报文。查看请求和响应报文需要借助工具来进行，这里使用 Chrome 浏览器的 54.0.2840.71 版本进行查看，步骤如下：

（1）打开 Chrome 浏览器，在地址栏输入 http://www.itheima.com，访问页面成功后，按【F12】键，可以进入 Chrome 浏览器的开发者工具，如图 7-7 所示。

Name	Status	Type
www.itheima.com	200	document
wp-emoji-release.min.js?ver=4.2.10	304	script
?family=Lato%3A300%2C400%2C700%2C900%2C300italic%2C400ital...	200	stylesheet
genericons.css?ver=3.0.3	304	stylesheet
jquery.js?ver=1.11.2	304	script
jquery-migrate.min.js?ver=1.2.1	304	script
shCore.js	304	script

图 7-7　Chrome 开发者工具

在图 7-7 中默认进入了 Network 窗口，单击第一行 www.itheima.com 默认头信息选项卡，可以看到格式化后的响应报文和请求报义，如图 7-8 所示。

图 7-8　响应报文和请求报文

在图 7-8 中 Response Headers 为响应报文，Request Headers 为请求报文，而需要查看的是原始的头信息。单击 Request Headers 右面的 view source 可打开要找的请求报文，如图 7-9 所示。

```
▼Request Headers    view parsed
    GET / HTTP/1.1
    Host: www.itheima.com
    Connection: keep-alive
    Cache-Control: max-age=0
    Accept: text/html,application/xhtml+xml,application/xml;q=0.9,image/webp,*/*;q=0.8
    Upgrade-Insecure-Requests: 1
    User-Agent: Mozilla/5.0 (Windows NT 6.1; WOW64) AppleWebKit/537.36 (KHTML, like Gecko) Chrome/47.0.2526.106 Safari/537.36
    Accept-Encoding: gzip, deflate, sdch
    Accept-Language: zh-CN,zh;q=0.8,en;q=0.6
    Cookie: pgv_pvi=9935365120; tencentSig=8235922432; safedog-flow-item=1350DCFAF1B76D2A230752B761A68469; _qddamta_800069596=3
    2eb91d6e44a2459dc4ae81=1478162585; CNZZDATA3144200=cnzz_eid%3D476798210-1478061771-%26ntime%3D1478159555; CNZZDATA126028466
    b3=jmnzs1.iv23jp28
```

图 7-9　请求报文

查看响应报文只需要单击 Response Headers 右面的 view source。

1. 请求报文

一个 HTTP 请求报文由请求行、请求消息头、空行和请求体四部分组成，其中空行代表请求头部结束。

访问 http://www.itheima.com/ 的请求报文如下：

```
1   GET / HTTP/1.1
2   Host: www.itheima.com
3   Connection: keep-alive
```

```
4    Cache-Control: max-age=0
5    Accept: text/html,application/xhtml+xml,application/xml;q=0.9,image/
     webp,*/*;q=0.8 Upgrade-Insecure-Requests: 1 User-Agent: Mozilla/5.0
     (Windows NT 6.1; WOW64) AppleWebKit/537.36 (KHTML, like Gecko) Chrome/
     47.0.2526.106 Safari/537.36
6    Accept-Encoding: gzip, deflate, sdch
7    Accept-Language: zh-CN,zh;q=0.8,en;q=0.6
8    Cookie: pgv_pvi=9935365120…
9
```

（1）请求行：在上述请求消息中，第 1 行为请求行，请求行位于请求消息的第一行，它包括三部分，分别是请求方式、资源路径以及所使用的 HTTP 协议版本，以空格进行划分，其中 GET 是请求方式，"/" 为请求路径，"HTTP/1.1 表示协议版本"。

HTTP 协议中常用的请求方式主要是 GET 和 POST，当用户在浏览器地址栏中直接输入某个 URL 地址或者单击网页上一个超链接时，浏览器将默认使用 GET 方式发送请求。如果将网页上的 form 表单的 method 属性设置为 POST，就会以 POST 方式发送请求。

如果浏览器请求的 URL 中有参数部分，在浏览器生成的请求消息中，参数部分将附加在请求行中的资源路径后面。先来看一个 URL 地址，具体如下：

```
http://www.itheima.com/javaForum?name=lee&psd=hnxy
```

在上述 URL 中，"?" 后面的内容为参数信息。参数是由参数名和参数值组成的，并且中间使用等号（=）进行连接。需要注意的是，如果 URL 地址中有多个参数，参数之间需要用 "&" 分隔。

当浏览器向服务器发送请求消息时，上述 URL 中的参数部分会附加在要访问的 URI 资源后面，具体如下：

```
GET /javaForum?name=lee&psd=hnxy HTTP/1.1
```

需要注意的是，使用 GET 方式传送的数据量有限，最多不能超过 1KB。

在使用 POST 方式向服务器传递数据时，Content-Type 消息头会自动设置为 application/x-www-form-urlencoded，Content-Length 消息头会自动设置为实体内容的长度，具体示例如下：

```
POST /javaForum HTTP/1.1
Host: www.itcast.cn
Content-Type: application/x-www-form-urlencoded
Content-Length: 17
name=lee&psd=hnxy
```

对于使用 POST 方式传递的请求信息，服务器端程序会采用与获取 URI 后面参数相同的方式来获取表单各个字段的数据。

由于 GET 请求方式的参数信息都会在 URL 地址栏明文显示，而 POST 请求方式传递的参数隐藏在实体内容中，用户是看不到的，因此，POST 比 GET 请求方式更安全，所以实际开发中大多使用 POST 方式。

（2）请求消息头：第 2~8 行为请求消息头，由关键字 / 值对组成，每行一对，关键字和值用英文冒号 "：" 分隔。请求头部通知服务器有关于客户端请求的信息，典型的请求头有：

- User-Agent：产生请求的浏览器类型。
- Accept：客户端可识别的响应内容类型列表。星号 " * " 用于按范围将类型分组，用 " */* " 指示可接受全部类型，用 " type/* " 指示可接受 type 类型的所有子类型。
- Accept-Language：客户端可接受的自然语言。
- Accept-Encoding：客户端可接受的编码压缩格式。
- Accept-Charset：可接受的应答字符集。
- Host：请求的主机名，允许多个域名同处一个 IP 地址，即虚拟主机。
- connection：连接方式（close 或 keepalive）。
- Cookie：存储于客户端扩展字段，向同一域名的服务器端发送属于该域的 cookie。

（3）空行：最后一个请求头之后是一个空行，发送回车符和换行符，通知服务器以下不再有请求头。

（4）请求体：其内容就是请求数据，请求数据不在 GET 方法中使用，而是在 POST 方法中使用。POST 方法适用于需要客户填写表单的场合。与请求体相关的最常使用的是包体类型 Content-Type 和包体长度 Content-Length。

2. 响应报文

一个 HTTP 响应报文由状态行、响应消息头、空行和响应体四部分组成。

访问 http://www.itheima.com/ 的响应报文如下：

```
1   HTTP/1.1 200 OK
2   Date: Fri, 04 Nov 2016 06:09:21 GMT
3   Server: Apache/2.2.25 (Win32) mod_fcgid/2.3.6
4   X-Powered-By: PHP/5.5.22
5   Vary: Accept-Encoding,Cookie
6   Cache-Control: max-age=3, must-revalidate
7   WP-Super-Cache: Served supercache file from PHP
8   Content-Encoding: gzip
9   Content-Length: 19017
10  Last-Modified: Fri, 04 Nov 2016 05:00:28 GMT
11  Keep-Alive: timeout=5, max=99
12  Connection: Keep-Alive
```

```
13 Content-Type: text/html; charset=UTF-8
14
```

（1）响应状态行：在 HTTP 响应消息中，第 1 行为响应状态行，它包括三部分，分别是 HTTP 协议版本、一个表示成功或错误的整数代码（状态码）和对状态码进行描述的文本信息，以空格进行划分。

状态代码由 3 位数字组成，表示请求是否被理解或被满足。HTTP 响应状态码的第一个数字定义了响应的类别，后面两位没有具体的分类，第一个数字有 5 种可能的取值，具体介绍如下：

- 1xx：表示请求已接收，需要继续处理。
- 2xx：表示请求已成功被服务器接收、理解并接受。
- 3xx：为完成请求，客户端需进一步细化请求。
- 4xx：客户端的请求有错误。
- 5xx：服务器端出现错误。

HTTP 协议的状态码较多，但这些状态码无须记忆。下面列举几个 Web 开发中比较常见的状态码，如表 7-1 所示。

表 7-1 HTTP 协议常用状态码

状态码	说　　明
200	表示服务器成功处理了客户端的请求
302	表示请求的资源临时从不同的 URL 响应请求，但请求者应继续使用原有位置来进行以后的请求。例如，在请求重定向中，临时 URL 应该是响应的 Location 头字段所指向的资源
404	表示服务器找不到请求的资源。例如，访问服务器不存在的网页经常返回此状态码
500	表示服务器发生错误，无法处理客户端的请求

（2）响应消息头：状态行后紧接着的是若干响应消息头，服务器端通过响应消息头向客户端传递附加信息，包括服务程序名、被请求资源需要的认证方式、客户端请求资源的最后修改时间、重定向地址等信息。

响应头可能包括：

- Location：Location 响应报头域用于重定向接收者到一个新的位置。例如，客户端所请求的页面已不存在原先的位置，为了让客户端重定向到这个页面新的位置，服务器端可以发回 Location 响应报头后使用重定向语句，让客户端去访问新的域名所对应的服务器上的资源。
- Server：Server 响应报头域包含了服务器用来处理请求的软件信息及其版本。它和 User-Agent 请求报头域是相对应的，前者发送服务器端软件的信息，后者发送客户端软件（浏览器）和操作系统的信息。

- Vary：指示不可缓存的请求头列表。
- Connection：连接方式。
- 对于请求来说，close（告诉 Web 服务器或者代理服务器，在完成本次请求的响应后，断开连接，不等待本次连接的后续请求）。keepalive（告诉 Web 服务器或者代理服务器，在完成本次请求的响应后，保持连接，等待本次连接的后续请求）。
- 对于响应来说：close——连接已经关闭；keepalive——连接保持着，在等待本次连接的后续请求；Keep-Alive——如果浏览器请求保持连接，则该头部表明希望 Web 服务器保持连接多长时间（秒），例如，Keep-Alive：300。
- WWW-Authenticate 响应报头域必须被包含在 401（未授权的）响应消息中，这个报头域和前面讲到的 Authorization 请求报头域是相关的，当客户端收到 401 响应消息，就要决定是否请求服务器对其进行验证。如果要求服务器对其进行验证，就可以发送一个包含了 Authorization 报头域的请求。

（3）空行：最后一个响应头部之后是一个空行，发送回车符和换行符，通知服务器以下不再有响应头部。

（4）响应体：其内容就是响应数据，包括服务器返回给客户端的文本信息。

7.2 Node.js 的 HTTP 服务

了解了 HTTP 协议之后，下面将为读者介绍 Node.js 中如何使用 HTTP 构建 Web 服务器。

Node.js 提供了 HTTP 模块，HTTP 模块主要用于搭建 HTTP 服务器端和客户端，HTTP 模块为核心模块，加载该模块的语法如下：

```
var http = require('http');
```

HTTP 服务器本质上也是一个 Socket 服务器，可以理解为在 Socket 服务器的基础上进行了一些封装，简化了一些操作。本节将对 HTTP 模块提供的 API 进行详细介绍。

7.2.1 HTTP 模块常用 API

1. http.Server

在 Node.js 中，HTTP 服务器是指 http.Server 对象，用 Node.js 做的所有基于 HTTP 协议的系统，如网站、社交应用甚至代理服务器，都是基于 http.Server 实现的。它提供了一套封装级别很低的 API，仅仅是流控制和简单的消息解析，所有的高层功能都要通过它的接口来实现。创建 http.Server 对象的语法如下：

```
var server = http.createServer();
```

在上述代码中，使用 creatServer() 函数创建的 server 对象就是一个 http.Server 对象。

http.Server 是一个基于事件的 HTTP 服务器，继承自 EventEmitter，所有的请求都被封装为独立的事件，开发者只需要对它的事件编写相应函数即可实现 HTTP 服务器的所有功能。http.Server 提供了一些函数，具体如下：

（1）server.close([callback])：服务器停止已经开始的监听。

（2）server.listen(port[, hostname][, backlog][, callback])。

server.listen 参数说明如下：

● port：指定监听的端口。

● hostname：指定主机名。

● backlog：指定被允许进行排队的最大待处理连接数，默认是 511。

● callback：指定该服务器已经开始在指定的端口上监听时，要执行的回调处理函数。

（3）server.listen(handle[, callback]) 和 server.listen(path[, callback])：监听文件系统的连接。第一个是监听已打开文件描述句柄，第二个是要监听一个文件的路径。

除此之外，http.Server 还提供了 3 个事件，具体如下：

（1）request：当客户端请求到来时，该事件被触发，提供两个参数 req 和 res，分别为 http.ServerRequest 和 http.ServerResponse 的实例，表示请求和响应信息。

（2）connection：当 TCP 连接建立时，该事件被触发，提供一个参数 socket，为 net.Socket 的实例。connection 事件的粒度要大于 request，因为客户端在 Keep-Alive 模式下可能会在同一个连接内发送多次请求。

（3）close：当服务器关闭时，该事件被触发。注意不是在用户连接断开时。除此之外，还有 checkContinue、upgrade、clientError 事件，通常不需要关心，只有在实现复杂的 HTTP 服务器时才会用到。

2. http.IncomingMessage 对象

在 HTTP 服务器和客户端都会创建 http.IncomingMessage 对象，它一般由 http.Server 的 request 事件发送，作为第一个参数传递，通常简称为 request 或 req。

在发送 HTTP 请求时，会发送请求报文，http.IncomingMessage 对象实现了一个可读流，在服务器端，http.IncomingMessage 提供了一个 close 事件，用户当前请求结束时，也就是底层的套接字被关闭时该事件被触发。另外，http.IncomingMessage 对象中还提供了一些函数和属性，用来获取客户端请求和服务器端响应的一些信息，如表 7-2 所示。

表 7-2 http.IncomingMessage 对象的常用函数和属性

函数 & 属性	说　明
message.headers	包含了随请求 / 回应发送的标头的一个对象
message.httpVersion	指定用于构建客户端请求 / 响应的 HTTP 版本
message.method	指定用于请求 / 响应的方法
message.setTimeout(msecs, callback)	设置连接的以毫秒为单位的套接字超时时间，连同一个如果发生超时时被执行的回调函数
message.statusCode	指定来自服务器的 3 位数状态码。此属性只在处理服务器响应的 HTTP 客户端上有效
message.socket	这是一个指向 net.Socket 对象的句柄，用来与客户端 / 服务器通信
message.url	发送到服务器的 URL 字符串，只在处理服务器中有效

3. http.ServerResponse

http.ServerResponse 是返回给客户端的信息，决定了用户最终能看到的结果。它也是由 http.Server 的 request 事件发送的，作为第二个参数传递，一般简称为 response 或 res。http.ServerResponse 是一个可写流，用来给客户端的 Socket 发送响应报文，在服务器做出响应之前会发送响应报文，http.ServerResponse 中有 3 个重要的成员函数，前两个用于返回对应响应报文的响应头和响应内容，最后一个用于结束请求，具体如下：

（1）response.writeHead(statusCode, [headers])：向请求的客户端发送响应头。status-Code 是 HTTP 状态码，如 200 （请求成功）、404 （未找到）等。headers 是一个类似关联数组的对象，表示响应头的每个属性。该函数在一个请求内最多只能调用一次，如果不调用，则会自动生成一个响应头。

（2）response.write(data, [encoding])：向请求的客户端发送响应内容。data 是一个 Buffer 或字符串，表示要发送的内容。如果 data 是字符串，那么需要指定 encoding 来说明它的编码方式，默认是 utf-8。在 response.end 调用之前，response.write 可以被多次调用。

（3）response.end([data], [encoding])：结束响应，告知客户端所有发送已经完成。当所有返回的内容发送完毕时，该函数必须被调用一次。它接收两个可选参数，意义和 response.write 相同。如果不调用该函数，客户端将永远处于等待状态。

除上述成员函数外，还有一些函数和属性可供开发者使用，如表 7-3 所示。

表 7-3 http.ServerResponse 其他函数和属性

函数 & 属性	说　明
response.addTrailers(headers)	将 HTTP 尾随标头写入响应的结束处
response.finished	默认为 false，调用 end() 函数方法后结果为 true

函数 & 属性	说　　明
response.getHeader(name)	获取已在响应中设置的 HTTP 标头的值
response.headersSent	如果标头已被发送，为 true；否则为 false
response.removeHeader(name)	移除已在响应中设置的一个 HTTP 标头
response.sendDate	如果设置为 true，则 Data 标头的是自动生成的，并作为响应的一部分发送
response.setHeader(name, value)	设置一个特定的标头值
response.setTimeout(msecs, callback)	设置客户端连接的套接字超时时间，以毫秒计，带有一个如果发生超时将被执行的回调函数
response.statusCode	无须显式地写入标头来指定响应状态码
response.statusMessage	当使用隐式消息头并且消息头被刷新时，这个属性控制的消息状态将被发送到客户端
response.writeContinue()	发送一个 HTTP/1.1 100 继续消息给客户端，表示请求主体应该发送

7.2.2　使用 HTTP 模块构建 Web 服务器

下面通过一个案例来演示 Node.js 中使用 HTTP 模块构建 Web 服务器的过程，具体步骤如下：

（1）在 Course\code 目录下创建目录 chapter07。

（2）在 chapter07 目录下创建文件 demo7-1.js，并在该文件下添加如下代码

demo7-1.js：

```
1  /**
2   * 使用 HTTP 构建 Web 服务器
3   */
4  var http = require('http');
5  // 1. 创建一个 HTTP 服务器
6  var server = http.createServer();
7  // 2. 监听 请求 (request) 事件
8  //request 就是一个可读流，用来获取当前与服务器连接的客户端的一些请求报文数据
9  //response 就是一个可写流，用来给客户端 Socket 发送消息，或者用来发送响应报文
10 server.on('request',function (request, response) {
11    // 使用 HTTP 发送响应数据时，HTTP 服务器会自动把数据通过 HTTP 协议包装为一个
        // 响应报文然后发送到 Socket
12    response.write('hello world');
13    // 在结束响应之前，可以多次向客户端发送数据
14    response.write('hello itheima');
15    // 对于 HTTP 请求响应模型来说，它们的请求和响应是一次性的
```

```
16    // 也就是说，每一次请求都必须结束响应，
17    // 标识断开当前连接
18    response.end();
19    // 在一次HTTP请求响应模型中，当结束了响应时，就不能继续发送数据，以下消息不会显示
20  });
21  // 3. 监听端口
22  server.listen(3000,function () {
23    console.log('server is listening at port 3000');
24  });
```

在上述代码中，第 6 行使用 http.createServer() 函数创建服务器对象 server。在第 10 行监听 server 对象的 request 事件，request 事件回调函数的参数为 request 和 response，在第 12 行和第 14 行分别使用 response.write() 函数向客户端发送数据，在结束响应之前可以多次发送。第 18 行使用 response.end() 函数结束响应，结束响应后不能再继续发送数据。第 22~24 行监听端口 3000，由于在本机测试，IP 地址为 127.0.0.1。

打开终端，执行 demo7-1.js，执行结果如图 7-10 所示。

打开 Chrome 浏览器，在地址栏中输入 http://127.0.0.1:3000，按【Enter】键，访问结果如图 7-11 所示。

图 7-10　demo7-1.js 执行结果

图 7-11　访问结果

在图 7-11 中可以看出，两次调用 response.write() 函数的结果全部输出，使用 HTTP 构建 Web 服务器已经成功。

7.3　HTTP 服务请求处理

在实际应用中，经常通过单击不同的链接进入不同的页面，例如在某个网站上，单击"登录"按钮，会跳转到登录页面，这样的需求常常需要在服务器端进行请求处理来完成，下面介绍 Node.js 中 HTTP 服务器如何进行请求处理。

7.3.1　根据不同的 URL 发送不同响应消息

首先通过一个案例为读者演示 Node.js 中如何根据不同的 URL 发送不同的响应消息，在 chapter07 目录下创建文件 demo7-2.js，并在该文件中添加如下代码。

demo7-2.js：

```
1   /**
2    * 根据不同 URL 响应不同消息
3    */
4   var http = require('http');
5   // 创建服务器
6   var server = http.createServer();
7   // 监听 request 事件
8   server.on('request', function(request, response) {
9     // 获取资源路径，默认为 '/'
10    var url = request.url;
11    // 通过判断获取到的资源路径，发送指定响应消息
12    if(url === '/') {
13      response.end('hello index');
14    } else if(url === '/login') {
15      response.end('hello login');
16    } else if(url === '/register') {
17      response.end('hello register');
18    }else {
19      // 如果资源路径找不到，提示错误信息
20      response.end('404 Not Found!');
21    }
22  });
23  // 开启启动，监听端口
24  server.listen(3000, function() {
25    console.log('server is listening at port 3000');
26  });
```

在上述代码中，第 10 行通过 request 产生的 url 属性，可以获取到整个 URL 中的资源具体地址，也就是资源路径。第 12~21 行通过判断复合的资源路径来发送不同的响应消息。如果在发送请求的整个 URL 地址中没有指定资源路径，默认为 "/"；如果指定了资源路径但找不到，发送的响应消息便是错误提示，编码 "404" 表示找不到路径。需要注意的是，发送响应消息除了可以使用 response.write() 函数外，也可以自己将需要发送的内容写入 response.end() 函数的参数内，这与调用 response.write() 函数之后再调用 response.end() 结束响应的效果是相同的。

打开终端，执行 demo7-2.js 启动服务器，如图 7-12 所示。

图 7-12　demo7-2.js 执行结果

服务器启动后，打开 Chrome 浏览器，在地址栏输入 http://127.0.0.1:3000，按【Enter】键后，浏览器会默认在该路径后添加"/"，所以输出响应消息为 hello index，页面效果如图 7-13 所示。

图 7-13 页面效果

在 地 址 栏 输 入 http://127.0.0.1:3000/login， 按【Enter】键后，浏览器会找到资源路径"/login"，所以输出响应消息为 hello login，页面效果如图 7-14 所示。

在地址栏输入 http://127.0.0.1:3000/register，按【Enter】键后，与图 7-14 中的效果相似，浏览器找到资源路径"/register"，所以输出响应消息为 hello register。

最后在浏览器输入 http://127.0.0.1:3000/err，按【Enter】键后，由于代码中没有指定该路径，所以会提示错误信息，页面效果如图 7-15 所示。

图 7-14 资源路径"/login"

图 7-15 找不到指定资源路径

7.3.2 HTTP 处理静态资源服务

所谓的 HTTP 静态资源服务就是客户端请求某个路径后，跳转到相应的页面，根据不同 URL 响应不同消息的案例可以获得思路，可以将不同的响应消息换成静态资源页面。那么这些页面如何获取？在第 4 章介绍过文件读取的知识，可以在服务器端通过读取文件来获取静态资源的数据，然后通过 response.end() 函数将读取的数据响应给浏览器，当浏览器响应数据时，就会开始解析 HTML 文档。下面通过一个案例进行演示，具体步骤如下：

（1）在 chapter07 目录下创建目录 static，用于存放静态文件。

（2）在 static 目录下创建 4 个页面，分别为首页 index.html、登录页 login.html、注册页 register.html 和错误信息页 404.html。各个页面的代码如下：

index.html：

```
1  <!DOCTYPE html>
2  <html lang="en">
3  <head>
4    <meta charset="UTF-8">
5    <title>首页</title>
6    <link rel="stylesheet" href="css/main.css">
7  </head>
8  <body>
```

```
9      <h1> 首页 </h1>
10    <img src="images/01.jpg" alt="">
11    </body>
12    </html>
```

在上述代码中，首先引入 css 文件，页面内容放在标题标签 <h1> 中，并且引入一张图片，另外 3 个页面与该页面相似。

login.html：

```
1     <!DOCTYPE html>
2     <html lang="en">
3     <head>
4       <meta charset="UTF-8">
5       <title> 登录 </title>
6       <link rel="stylesheet" href="css/main.css">
7     </head>
8     <body>
9       <h1> 登录 </h1>
10      <img src="images/01.jpg" alt="">
11    </body>
12    </html>
```

register.html：

```
1     <!DOCTYPE html>
2     <html lang="en">
3     <head>
4       <meta charset="UTF-8">
5       <title> 注册 </title>
6       <link rel="stylesheet" href="css/main.css">
7     </head>
8     <body>
9       <h1> 注册 </h1>
10      <img src="images/01.jpg" alt="">
11    </body>
12    </html>
```

404.html:

```
1     <!DOCTYPE html>
2     <html lang="en">
3     <head>
4       <meta charset="UTF-8">
5       <title>404</title>
```

```
6   </head>
7   <style>
8     body {
9       background-color:pink;
10    }
11  </style>
12  <body>
13    <h1>404 Not Found.</h1>
14  </body>
15  </html>
```

（3）在 static 目录下创建目录 css，在该目录下添加文件 main.css，在该文件中添加如下代码。

main.css：

```
1   body {
2       background-color: pink;
3   }
```

上述代码被引入到 4 个 html 页面，用于设置背景色。

（4）在 static 目录下创建 images 目录，在该目录下放入图片文件 01.jpg。

（5）静态资源页面创建完毕后，在 demo7-3 目录下创建文件 demo7-3.js，并在该文件中添加如下代码。

demo7-3.js：

```
1   /**
2    * 使用 HTTP 提供静态资源服务
3    */
4   var http = require('http');
5   var fs = require('fs');                    // 用于读取静态资源
6   var path = require('path');                // 用于做路径拼接
7   var server = http.createServer();
8   server.on('request', function(request, response) {
9     // 获取静态资源路径
10    var url = request.url;
11    if(url==='/') {
12      // 读取相应静态资源内容
13      fs.readFile(path.join(__dirname, 'static/index.html'), 'utf8',
14        function(err, data) {
15        // 如果出现异常抛出异常
16        if(err) {
17          throw err;
18        }
19        // 将读取的静态资源数据响应给浏览器
```

```
20          response.end(data);
21        });
22      } else if(url === '/login') {
23        fs.readFile(path.join(__dirname, 'static/register.html'), 'utf8',
24   function(err, data) {
25          if(err) {
26            throw err;
27          }
28          response.end(data);
29        });
30      } else if(url === '/register') {
31        fs.readFile(path.join(__dirname, 'static/register.html'),
32            'utf8', function(err, data) {
33          if(err) {
34            throw err;
35          }
36          response.end(data);
37        });
38      } else if(url === '/login.html') {
39        fs.readFile(path.join(__dirname, 'static/login.html'), 'utf8',
40   function(err, data) {
41          if(err) {
42            throw err
43          }
44          response.end(data);
45        });
46        // 如果有图片、CSS 文件等，浏览器会重新发送请求获取静态资源
47      } else if(url === '/css/main.css') {
48        var cssPath = path.join(__dirname, 'static/css/main.css')
49        fs.readFile(cssPath, 'utf8', function(err, data) {
50          if(err) {
51            throw err
52          }
53          response.end(data);
54        });
55      } else if(url === '/images/01.jpg') {
56        var imgPath = path.join(__dirname,'static/images/01.jpg')
57        fs.readFile(imgPath, function(err, data) {
58          if(err) {
59            throw err
60          }
61          response.end(data);
62        });
63      } else {
64        fs.readFile(path.join(__dirname, 'static/404.html'), 'utf8',
65   function(err, data) {
66          if(err) {
```

```
66          throw err
67       }
68       response.end(data);
69     });
70   }
71 });
72 server.listen(3000, function() {
73   console.log('server is listening at port 3000');
74 });
```

在上述代码中，需要使用 3 个核心模块，分别为 http、fs 和 path，其中 fs 模块用于读取静态文件，path 模块用于读取文件前拼接路径，使服务器能够找到相应的配置文件，fs.readFile() 函数的回调函数中的 data 就是读取静态文件后获取的数据，在读取文件的过程中如果没有出现异常，就将 data 数据响应给客户端浏览器，交给浏览器渲染。在渲染过程中，如果出现图片或者 CSS 文件等静态资源，浏览器会再次发送 HTTP 请求来获取这些资源，所以在第 46~62 行代码中添加了对 CSS 文件和图片的判断。

打开浏览器，执行 demo7-3.js 启动服务器，结果如图 7−16 所示。

图 7−16　demo7-2.js 执行结果

服务器启动后，打开 Chrome 浏览器，在地址栏输入 "http://127.0.0.1:3000"，按【Enter】键后，访问到 index.html，页面效果如图 7−17 所示。

在图 7−17 中可以看出，图片和 CSS 样式已经成功被应用，在地址栏输入 http://127.0.0.1:3000/login，按【Enter】键后，访问到登录页 login.html，页面效果如图 7−18 所示。

图 7−17　index.html

图 7−18　login.html

在浏览器输入 http://127.0.0.1:3000/err，按【Enter】
键后，页面效果如图 7-19 所示。

从图 7-19 可以看出，在服务器找不到指定路径时，
跳转到了错误页面 404.html。

图 7-19　404.html

7.3.3　动态处理静态资源请求

在 demo7-3.js 中介绍了 HTTP 静态资源服务，是用多个判断语句来实现的，在实际
开发中，网页上通常有很多图片和 CSS 等静态文件，如果使用 demo7-3.js 中的方法进行
处理，代码中会有过多的判断语句，所以下面简化一下代码，动态地处理静态资源请求。

在 chapter07 目录下创建文件 demo7-4.js，并在该文件中添加如下代码。

demo7-4.js：

```
1   /**
2    * 动态处理静态资源请求
3    */
4   var http = require('http');
5   var fs = require('fs');
6   var path = require('path');
7   var server = http.createServer();
8   server.on('request', function(req, res) {
9     // 当用户访问 / 的时候，默认让用户访问 index.html
10    var url = req.url;
11    console.log(url);              // 每次请求获取资源路径在服务器端输出。
12    var fullPath = path.join(__dirname,'static',url);
13    if(url==='/') {
14      fullPath = path.join(__dirname,'static/index.html');
15    }
16    fs.readFile(fullPath,function (err,data) {
17      if(err) {
18        // 在进行web开发的时候，如果发生了错误，我们可以直接把该错误消息输出到客户端
19        return res.end(err.message);
20      }
21      res.end(data);
22    });
23  });
24  server.listen(3000, function() {
25    console.log('server is runnig at port 3000');
26  });
```

在上述代码中，定义一个变量 fullPath，代表完整的路径，首先需要判断默认路径的
情况,直接访问 index.html,对于其他页面和图片、CSS 等都可以通过传入 fullPath 进行读取,

这里当访问错误路径时，在第 19 行将错误消息响应给浏览器，如果没有出现错误就直接将数据响应给浏览器。

图 7-20　login.html

打开终端，执行 demo7-4.js 启动服务器，启动成功后，打开 Chrome 浏览器，在地址栏输入 http://127.0.0.1:3000/login.html，按【Enter】键后，访问到登录页 login.html，页面效果如图 7-20 所示。

由于该页面有图片和 CSS，所以不止发送一次 HTTP 请求，这时观察服务器终端，可以看到每次请求获得的资源路径，如图 7-21 所示。

图 7-21　服务器端获取的资源 URL

在图 7-21 中，最后一个 /favicon.ico 有可能是浏览器的某个图标，这样主要关注前 3 个路径即可在浏览器输入 http://127.0.0.1:3000/err，按【Enter】键后，页面效果如图 7-22 所示。

图 7-22　404.html

在图 7-22 中显示了找不到路径的错误信息，到此动态处理静态资源请求已经实现。

■ 多学一招：　使用 Underscore 的模板引擎

前端开发有时候避免不了要在 JavaScript 代码中插入 HTML 代码，插入的代码少时还好些，如果比较多，在以后的编辑中会出现很多问题，例如一不小心可能漏掉某个双引号、加号等导致语法错误。为了将它们剥离开，出现 JavaScript 模板。

Underscore 是一个 JavaScript 实用库，提供了一整套函数式编程的实用功能，但是没有扩展任何 JavaScript 内置对象。下面要介绍的 template 是 Underscore 提供的一个实用功能——模板引擎，template 功能将 JavaScript 模板编译为可以用于页面呈现的函数，通过 JSON 数据源生成复杂的 HTML 并呈现出来。

模板函数的使用语法如下：

```
_.template(templateString, [settings])
```

在上述语法中，templateString 参数通常是字符串，模板函数可以使用 <%= … %> 插入变量，也可以用 <% ... %> 执行任意的 JavaScript 代码。如果要想模板中插入一个值，并让其进行 HTML 转义，可以使用 <%- ... %>。具体用法如下：

（1）赋值：

```
var compiled = _.template("hello: <%= name %>");
compiled({name: 'moe'});
=> "hello: moe"
```

上述语法中，使用 _.template() 函数定义了一个变量 name，然后 compiled() 函数用于向 name 属性注入数据 moe。

（2）需要转义：

```
var template = _.template("<b><%- value %></b>");
template({value: '<script>'});
=> "<b>&lt;script&gt;</b>"
```

在上述语法中，插入值 <script>，并且成功转义为 <script>。

在 Node.js 中使用 Underscore 是需要进行安装的，可以使用包管理器 NPM 来安装。下面通过一个静态资源服务的案例来演示 Node.js 中如何使用 Underscore。

（1）在 chapter07 目录下创建项目目录 static-server。

（2）进入 static-server 目录下，输入 npm init –y 命令进行 npm 初始化，如图 7-23 所示。

图 7-23 初始化 NPM

NPM 初始化完毕后，可以看都 main 属性指定的入口模块为 app.js，在 static-server 目录下出现一个 package.json 文件。

（3）在终端继续输入命令 npm install underscore --save，按【Enter】键等待片刻，安装成功的界面如图 7-24 所示。

图 7-24　Underscore 安装成功

（4）在 static-server 目录下创建文件 index.html，作为模板引擎的模板数据，并在该文件中添加如下代码。

index.html:

```
1   <!DOCTYPE html>
2   <html>
3   <head>
4     <meta charset="utf-8">
5     <body>
6       <ul>
7         <% arr.forEach(function(item){ %>
8           <li> <%= item.name %> </li>
9         <%}) %>
10      </ul>
11      <h1><%= title %></h1>
12    </body>
```

在上述代码中，在服务器端第 6~10 行定义了一个数组 arr，遍历该数组中的每个元素，为元素挂着 name 属性。第 11 行定义一个变量 title，需要注意的是，这个页面是作为一个网页的模板使用，在服务器端会获取这个模板，并且为该模板中的变量等进行赋值，最后将完整的数据作为一个字符串响应给浏览器端，由浏览器进行页面的渲染和呈现。

（5）在 static-server 目录下创建文件 app.js，在该文件中添加服务器端代码。

app.js:

```
1   /**
2    * 服务器端代码
3    */
4   var http = require('http');
5   var fs = require('fs');
6   var path = require('path');
7   var _ = require('underscore');
8   var server = http.createServer();
9   server.on('request', function(req, res) {
10    var url = req.url;
```

```
11    if(url === '/') {
12      fs.readFile(path.join(__dirname, 'index.html'), 'utf8', function
          (err, data) {
13        if(err) {
14          return res.end(err.message);
15        }
16        // 现在的 data 就是模板函数参数的字符串
17        // 我把 html 字符串 整体的当成 模板字符串
18        var compiled = _.template(data);
19        var htmlStr = compiled({
20          title: 'hello world',
21          arr: [
22            { name: 'Jack' },
23            { name: 'rose' },
24            { name: 'mike' }
25          ]
26        });
27        res.end(htmlStr);
28      });
29    }
30  });
31  server.listen(3000, function() {
32    console.log('server is runnig at port 3000');
33  });
```

在上述代码中，第 12 行读取 index.html 模板的内容，并且将返回的 data 传入模板函数 _.template，传入后可以使用 compiled() 函数向该模板的数组和变量中注入数据，最后将完整的 HTML 数据响应给客户端浏览器。

打开终端，执行 app.js 文件，启动服务器，执行结果如图 7-25 所示。

打开 Chrome 浏览器，在地址栏输入 http://127.0.0.1:3000，按【Enter】键后呈现 index.html 页面，如图 7-26 所示。

图 7-25　app.js

图 7-26　index.html

小　结

Node.js 中主要的网络编程模块有 Net 和 HTTP 模块，本章主要讲解 HTTP 模块。首先需要了解 HTTP 协议，HTTP 协议中信息的格式以报文的形式呈现，报文分为两种：请求报文和响应报文。

Node.js 中的 HTTP 模块主要用于搭建 HTTP 服务器端和客户端。HTTP 模块中的常用 API 主要由 http.Server、http.IncomingMessage、http.ServerResponse 这 3 个对象提供。

本章最后讲解了 HTTP 服务请求处理的 3 个案例，分别为根据不同的 URL 发送不同响应消息、HTTP 处理静态资源服务和动态处理静态资源请求。

Node.js 中的 Net 和 HTTP 模块相互关联，请读者结合起来学习，将所学知识点融会贯通。

■【习题】

1. 简述什么是 HTTP 协议。
2. 列举 http.ServerResponse 对象的 3 个重要函数，并简要说明它们的作用。

第 **8** 章

综合项目——我的音乐

通过前面章节的学习，读者已经掌握了 Node.js 的基础知识，学习这些基础知识就是为了使用 Node.js 完成全栈开发奠定基础。本章通过一个音乐播放器的项目，综合前面所学习的知识，带领读者学以致用，进行项目实战。

【教学导航】

学习目标	(1) 了解企业项目流程、工作分工 (2) 熟悉项目搭建和项目开发 (3) 能够熟练运用项目的 Node.js 知识
教学方式	以理论讲解、代码演示和案例效果展示为主
重点知识	(1) 处理表单提交 (2) 处理表单文件上传 (3) 服务器端数据增删改查的实现
关键词	模块化、封装、路由、表单提交、模板引擎

8.1 项目简介

本项目名称为"我的音乐"，它是一个音乐客户端的后台管理系统。一般的音乐 App 的核心页面如图 8-1 所示。

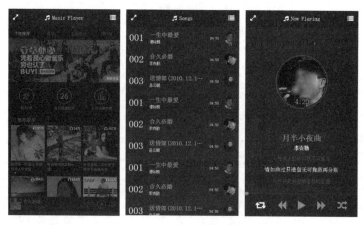

图 8-1　音乐 APP 核心页面

对于图 8-1 中的音乐 APP 页面，本书更关注的是 APP 中的数据来源。手机上的音乐播放器上的歌曲实时更新，它的数据不是每更新一次，就要重新写一个页面的。那么它的数据来源于哪里，又是如何维护的？这就需要一个后台管理系统来添加、编辑、删除这些音乐文件、图片文件、描述信息等。下面就带领读者，用 Node.js 完成一个音乐 App 的后台管理系统。

8.1.1　项目功能展示

本项目的功能为歌曲信息的查询、添加、修改和删除。在源代码中，读者可以在 Course\code\chapter08 目录中找到 music-player 项目文件夹。下面在用终端运行该项目，查看项目功能。

打开 CMD 控制台，输入项目目录，如图 8-2 所示。

图 8-2　输入项目目录

本项目入口为 app.js，输入指令 node app.js，控制台即可显示出项目的访问地址，如图 8-3 所示。

图 8-3　app.js 执行结果

读者可以根据图 8-3 中的地址访问该项目，如图 8-4 所示。

图 8-4　我的音乐首页

图 8-4 是数据的列表页面，从该页面可以看到数据信息、添加功能的按钮、每条数据可以进行修改和删除。单击"添加歌曲"按钮可以进入到添加页面，如图 8-5 所示。

图 8-5　添加音乐页面

从图 8-5 中可以看出，在添加数据时，不仅要添加文字信息，还需要处理文件的上传。另外，还有修改和删除功能，这里不一一展示，后面会详细讲解功能的实现。

8.1.2　项目开发流程

一个项目或者一个产品从开始到上线都要遵循开发流程，才能够按部就班地完成。通常情况下，一个项目或产品的开发流程如下：

1. 产品创意

结合公司发展方向及战略目标，提出产品创意。简而言之，我们要做一个什么产品，为什么要做这个产品。

2. 产品原型

产品原型的设计包括功能、页面，最重要的是用户体验。该工作通常由产品经理完成。

3. 美工设计

美工根据产品经理提供的原型图实现符合原型与审美的 psd 图。

4. 前端实现

前端工程师拿到美工设计好的 psd 图，负责具体的 HTML、CSS 静态页面的实现，实现 JavaScript 动态特效、动态数据的绑定和交互。

5. 后端实现

实现数据处理、业务逻辑代码。

6. 测试、试运行、上线

8.1.3 需求分析

前面介绍了整个项目从开始到上线的流程。当涉及代码部分时，最重要的环节是该项目的需求分析。编程人员只有明确需求才能够设计数据、逻辑层代码等。下面将针对本项目的需求分析进行详细介绍。

1. 数据模型分析

通常情况下，一个项目需要严谨的数据模型分析，包括根据业务逻辑设计数据表，设计表字段、表之间的关联等。由于本书没有讲解数据库的应用，在本项目中，用文件来代替数据库作为数据存储。

2. 路由设计

在本项目中，会有一个 JavaScript 文件，该文件负责把具体的请求路径分发给具体的请求处理函数。用户的每一个请求都会对应后台的一个具体的请求处理函数，例如，当用户需要添加歌曲时，该文件就会将请求转到处理添加业务的函数。

3. 功能开发

本项目的具体功能：

（1）展示歌曲信息。

（2）添加歌曲，包括名称、歌手、音乐文件、图片文件。

（3）编辑歌曲信息。

（4）删除歌曲。

8.1.4 项目结构

本项目的文件层级结构如图 8-6 所示。各文件的作用具体如下：

（1）render.js：解析模板标记语法。

（2）music.js：封装音乐文件相关的逻辑处理函数。

（3）node_modules 文件夹下的 bootstrap：响应式前端框架。

（4） node_modules 文件夹下的 underscore：模板引擎用于注入后台数据。

（5） node_modules 文件夹下的 formidable：用于表单的数据处理，尤其是表单中的文件上传处理。

（6） uploads 文件夹：用于存放 MP3 音频文件和 jpg 图片文件。

（7） views 文件夹：用于存放页面。

（8） app.js：项目的入口文件。

（9） config.js：配置端口。

（10） package.json：项目说明文件。

（11） router.js：路由模块，根据用户的请求判断路径，然后将请求分发到具体的处理函数。

图 8-6　项目文件结构

8.2　项目实现

通过上面的介绍，读者已经对该项目有了一些了解。下面就动手实现这个音乐文件的后台管理。

8.2.1　项目初始化

关于 Node.js 的环境搭建、第三方包如何安装，在前面的章节中已经介绍，在此不再赘述。首先通过一幅图来描述项每个文件之间的关系，如图 8-7 所示。

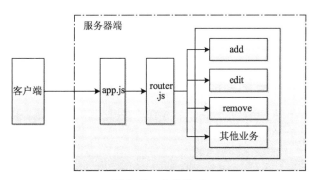

图 8-7　文件关系

从图 8-7 中可以看出，本项目的入口文件为 app.js，路由文件为 router.js，通过 router.js 可以将请求分发给相应的处理函数。本项目中，逻辑处理函数在文件 music.js 中。

本项目中，除了 JavaScript 文件、页面外，还需要一个说明文件 package.json。在项目根目录 music-player 下新建 package.json，具体代码如下：

package.json：

```
 1  {
 2    "name": "music-player",
 3    "version": "1.0.0",
 4    "description": "一个简单的音乐播放器",
 5    "main": "app.js",
 6    "scripts": {
 7      "test": "echo \"Error: no test specified\" && exit 1",
 8      "start": "node app.js"
 9    },
10    "author": "iroc <mail@lipengzhou.com> (https://github.com/iroc)",
11    "license": "MIT",
12    "dependencies": {
13      "bootstrap": "^3.3.6",
14      "formidable": "^1.0.17",
15      "underscore": "^1.8.3"
16    }
17  }
```

上述代码中，对项目的名称、版本、简介、入口文件、依赖的第三方包等进行了说明。其中第 8 行代码的作用是，当不知道项目的入口文件时，也没有查看该说明文件，可以使用命令 npm start，它会自动找到该文件下的 start 指令，执行 node app.js。执行结果如图 8-8 所示。

图 8-8　app.js 执行结果

下面安装项目所需的第三方依赖包，本项目的页面是用 bootstrap 工具制作的，在编码前需要安装 bootstrap 第三方包，在 cmd 控制台输入命令 npm install --save bootstrap，安装效果如图 8-9 所示。

图 8-9　安装 bootstrap

formidable 包的安装方法与 bootstrap 类似，只需将安装命令中的 bootstrap 换成 formidable，请读者自行安装。

下面创建入口文件，在项目根目录 music-player 下新建文件 app.js，具体代码如下。

app.js：

```
1   var http = require('http')
2   var config = require('./config')
3   var router = require('./router')
4   var render = require('./common/render')
5   // 创建一个服务器，得到一个 server 实例
6   var server = http.createServer()
7   server.on('request', function(req, res) {
8     render(res)
9     router(req, res)
10  })
11  // 监听端口，开启服务
12  server.listen(config.port, config.host, function() {
13    console.log('server is listening at port ' + config.port)
14    console.log('please visit http://' + config.host + ':' + config.port)
15  })
```

上述代码中，第 8 行动态地给 Response 对象加载了一个属性方法 render，该方法用来读取一个模板文件，注入数据，然后请求和响应被传递到一个路由的模块中。代码 12~15 行创建端口监听，监听中的 function 是监听成功之后的回调处理函数，用于打印一些日志信息，表示知道监听已开启成功。

第 2~4 行代码引入了 3 个文件，所以为了运行 app.js，需要封装 3 个文件，具体内容如下：

1. config.js

端口需要新建一个配置文件 config.js，以便后期修改端口。在项目根目录下新建 config.js 文件，具体代码如下。

config.js：

```
1   var path = require('path')
2   // 对外开放一个对象
3   module.exports = {
4     port: 3000,
5     host: '127.0.0.1',
6     viewPath: path.join(_dirname, 'views'),
7     uploadPath: path.join(_dirname, 'uploads')
8   }
```

2. router.js

在完成上述所有操作后，还有一个重要的文件，用于判断路径，做请求处理。在项目根目录下新建文件 router.js，具体代码如下。

router.js：

```
1    /**
2     * 路由模块：负责把具体的请求路径分发给具体的请求处理函数
3     * 分发到具体的业务处理逻辑
4     */
5    var fs = require('fs')
6    var path = require('path')
7    var _ = require('underscore') // 使用模板引擎
8    var musicController = require('./controllers/music')
9    var url = require('url')
10
11   module.exports = function(req, res) {
12     // 使用 url核心模块的 parse方法后，该方法会自动把路径部分解析到 pathname
       // 属性中
13     // 同时也会把查询字符串部分解析到 query 属性
14     // 对于url.parse方法来说，它还有第二个参数,可以给它指定为true,这时候它会自动
          把 query 属性查询字符串转换为一个对象
15     var urlObj = url.parse(req.url, true)
16     req.query = urlObj.query
17     console.log(urlObj.query)
18     // 获取当前请求路径
19     // pathname 不包含查询字符串
20     var pathname = urlObj.pathname
21     var method = req.method
22     console.log(method)
23     // 匹配请求路径，将请求发送到相应的处理函数
24     if(method === 'GET' && pathname === '/') {
25       musicController.showIndex(req, res)
26     } else if(method === 'GET' && pathname === '/index.html') {
27       musicController.showIndex(req, res)
28     } else if(method === 'GET' && pathname.startsWith('/node_modules/')) {
29       var staticPath = path.join(_dirname, pathname)
30       fs.readFile(staticPath, 'utf8', function(err, data) {
31         if(err) {
32           return res.end(err.message)
33         }
34         res.end(data)
35       })
```

```
36    } else if(method === 'GET' && pathname === '/add') {
37      musicController.showAdd(req, res)
38    } else if(method === 'GET' && pathname === '/edit') {
39      musicController.showEdit(req, res)
40    }else if(method === 'POST' && pathname === '/add') {
41      musicController.doAdd(req, res)
42    } else if(method === 'GET' && pathname ==='/remove') {
43      musicController.doRemove(req, res)
44    } else if(method === 'POST' && pathname === '/edit') {
45      musicController.doEdit(req, res)
46    }
47  }
```

3. 解析模板标记语法

render.js 用于解析模板标记语法，让页面可以使用 <%= %> 语法获取从后台传来的数据。

render.js：

```
1   var fs = require('fs')
2   var path = require('path')
3   var _ = require('underscore')
4   var config = require('../config')
5   module.exports = function(res) {
6     res.render = function(viewName, obj) {
7       fs.readFile(path.join(config.viewPath, viewName) + '.html', 'utf8',
          function(err, data) {
8         if(err) {
9           return res.end(err.message)
10        }
11        // 解析执行函数
12        var compiled = _.template(data)
13        // 调用函数，注入数据
14        var htmlStr = compiled(obj || {})
15        res.end(htmlStr)
16      })
17    }
18  }
```

4. 封装处理函数模块

用户的每一个请求都会对应后台的一个具体的请求处理函数，而 router.js 中只用于匹配和分发请求，不做业务逻辑的处理，所以将处理函数写在 music.js 中。

music.js：

```
1   /**
2    * 通常情况下，每一个请求路径都会对应一个具体的处理函数
3    */
4   exports.showIndex = function(req, res) {
5     res.render('index', {
6       title: 'Index'
7     })
8   }
9
10  exports.showAdd = function(req, res) {
11    res.render('add', {
12      title: '添加音乐'
13    })
14  }
15
16  exports.showEdit = function(req, res) {
17    res.render('edit', {
18      title: '编辑音乐'
19    })
20  }
```

需要注意的是，music.js 的代码只是在项目初始状态，随着后续业务逻辑的增加，会逐渐对 music.js 进行编辑。

8.2.2 制作数据文件

本项目选择用数组来存储后台数据。通过观察首页面的数据可以看出，每条数据都是一个对象。每条数据需要有编号、标题、歌手、音乐名称、海报这几个字段。由于项目音乐相关的函数处理都在 music.js 中进行，所以数据也应该绑定在 music.js 中。确定数据字段后，在 music.js 中声明数组，在项目中的 uploads 文件夹中有数据文件，读者将文件夹中的歌曲写入到数组中，代码如下：

```
var storage = [
  { id: 1, title: '富士山下', singer: '陈奕迅', music: '陈奕迅 - 富士山下 .mp3',
      poster: '陈奕迅 .jpg' },
  { id: 2, title: '石头记', singer: '达明一派', music: '达明一派 - 石头记 .mp3',
      poster: '达明一派 .jpg' },
  { id: 3, title: '青城山下白素贞', singer: '好妹妹乐队', music: '好妹妹乐队 -
      青城山下白素贞 .mp3', poster: '好妹妹乐队 .jpg' },
  { id: 4, title: '友情岁月', singer: '黄耀明', music: '黄耀明 - 友情岁月 .mp3',
      poster: '黄耀明 .jpg' },
```

```
{ id: 5, title: '梦里水乡', singer: '江珊', music: '江珊 - 梦里水乡 .mp3',
    poster: '江珊 .jpg' },
{ id: 6, title: 'Blowing In The Wind', singer: '南方二重唱',
    music: '南方二重唱 - Blowing In The Wind.mp3', poster: '南方二重唱 .jpg' },
{ id: 7, title: '女儿情', singer: '万晓利', music: '万晓利 - 女儿情 .mp3',
    poster: '万晓利 .jpg' },
{ id: 8, title: '王馨平', singer: '别问我是谁', music: '王馨平 - 别问我是谁 .mp3',
    poster: '王馨平 .jpg' },
{ id: 9, title: '五环之歌', singer: '岳云鹏', music: '岳云鹏,MC Hotdog -
    五环之歌 .mp3', poster: '岳云鹏 .jpg' }
]
```

需要注意的是，每条数据的名称、歌手、歌曲、海报都有可能会出现重复，当需要对某条数据进行操作时，需要对该条数据进行唯一标识。在上述代码中，id 就作为该条数据的唯一标识，表示该条数据的唯一性。

8.2.3 制作音乐首页

有了数据后，即可完成首页的展示数据部分。本项目将音乐相关的所有业务函数封装在 music.js 中，为了成功地显示后台数据，首先在 music.js 中的 showIndex 方法中，注入数据，代码如下：

```
1  exports.showIndex = function(req, res) {
2    res.render('index', {
3      title: '首页',
4      musicList: storage
5    })
6  }
```

数据注入成功后，编写首页页面。本项目将所有的页面封装在 views 文件夹下。index.html 页面代码如下：

index.html：

```
1  <!DOCTYPE html>
2  <html lang="en">
3  <head>
4    <meta charset="UTF-8">
5    <title>Document</title>
6    <link rel="stylesheet"
7     href="/node_modules/bootstrap/dist/css/bootstrap.css">
8  </head>
9  <body>
10   <div class="container">
11     <div class="page-header">
```

```
12        <h1><a href="/">我的音乐 </a> <small><%= title %></small></h1>
13      </div>
14      <a class="btn btn-success" href="/add">添加歌曲 </a>
15      <table class="table">
16        <thead>
17          <tr>
18            <th>编号 </th>
19            <th>标题 </th>
20            <th>歌手 </th>
21            <th>音乐名称 </th>
22            <th>海报 </th>
23            <th>操作 </th>
24          </tr>
25        </thead>
26        <tbody>
27          <% musicList.forEach(function(music){ %>
28            <tr>
29              <td><%= music.id %></td>
30              <td><%= music.title %></td>
31              <td><%= music.singer %></td>
32              <td><%= music.music %></td>
33              <td><%= music.poster %></td>
34              <td>
35                <a href="/edit?id=<%= music.id %>">修改 </a>
36                <a href="/remove?id=<%= music.id %>">删除 </a>
37              </td>
38            </tr>
39          <% }) %>
40        </tbody>
41      </table>
42    </div>
43  </body>
44  </html>
```

用浏览器访问项目，页面如图 8-10 所示。

在 index.html 中，第 6~7 行代码引入 Bootstrap 的 CSS 文件，Bootstrap 是一个前端开发框架，安装后可直接使用其中的 CSS 样式，进行快速开发。第 27~39 行代码，用 forEach 循环遍历出每条数据的各个字段。其中第 35、36 行代码是修改和删除操作，将在后面做详细讲解。

图 8-10　音乐首页

8.2.4　添加歌曲

在编写添加歌曲功能之前，需要先了解表单提交的相关知识。表单是网页上用来收集信息的区域，由文本域、复选框、单选框、菜单、文件地址域、按钮等表单元素组成。在本项目的添加歌曲和修改歌曲页面都会用到表单。通常情况下，表单下方都会有个提交按钮，用于提交表单中的数据。表单提交的三要素是 action、method 和 enctype。

其中，action 用于指定提交到哪个请求地址；method 制定表单提交方式，当 method 值为 get 方式时，表单会把表单内的所有具有 name 属性的 input 元素的值 以 name=value&name=value 的格式放到 url 地址中，然后发出请求；当 method 值为 post 方式时，表单同样会将表单内的值发出，但是不会显示在 url 地址中。所以，当表单中的元素过多，或有保密信息时，推荐使用 post 方式。enctype 属性规定在发送到服务器之前应该如何对表单数据进行编码。

在表单提交时，还有一种特殊情况，当使用表单来进行文件上传时，必须要指定两点：

（1）表单提交方法必须为 post。

（2）指定表单的 enctype 属性为 multipart/form-data。

下面完成添加歌曲页面，add.html 页面代码如下。

add.html：

```
1  <!DOCTYPE html>
2  <html lang="en">
3  <head>
4    <meta charset="UTF-8">
5    <title>Document</title>
6    <link rel="stylesheet"
7        href="node_modules/bootstrap/dist/css/bootstrap.css">
8  </head>
```

```
9   <body>
10    <div class="container">
11      <div class="page-header">
12        <h1><a href="/"> 我的音乐 </a> <small><%= title %></small></h1>
13      </div>
14        <form action="/add" method="post" enctype="multipart/form-data">
15      <div class="form-group">
16        <label for="title"> 标题 </label>
17        <input type="text" class="form-control" id="title" name="title"
          placeholder=" 请输入音乐标题 ">
18      </div>
19      <div class="form-group">
20        <label for="artist"> 歌手 </label>
21        <input type="text" class="form-control" id="singer" name="singer"
          placeholder=" 请输入歌手名称 ">
22      </div>
23      <div class="form-group">
24        <label for="music_file"> 音乐 </label>
25        <input type="file" id="music" name="music" accept="audio/*">
26        <p class="help-block"> 请选择要上传的音乐文件 .</p>
27      </div>
28      <div class="form-group">
29        <label for="image_file"> 海报 </label>
30        <input type="file" id="poster" name="poster" accept="image/*">
31        <p class="help-block"> 请选择要上传的音乐海报 .</p>
32      </div>
33        <button type="submit" class="btn btn-success"> 点击添加 </button>
34      </form>
35    </div>
</body>
</html>
```

页面完成后，需要在 music.js 中编写添加歌曲的函数。由于表单中有上传文件的需求，在处理表单数据时，需要用到一个包 formidable。包的使用代码如下：

```
1   exports.doAdd = function(req, res) {
2     var form = new formidable.IncomingForm()
3     form.uploadDir = config.uploadPath
4     form.keepExtensions = true
5     form.parse(req, function(err, fields, files) {
6       if(err) {
7         return res.end(err.message)
8       }
9       var title = fields.title
```

```
10      var singer = fields.singer
11      var music = path.basename(files.music.path)
12      var poster = path.basename(files.poster.path)
13      var id = 0
14      storage.forEach(function(item) {
15        if(item.id > id) {
16          id = item.id
17        }
18      })
19      storage.push({
20        id: id + 1,
21        title: title,
22        singer: singer,
23        music: music,
24        poster: poster
25      })
26      res.writeHead(302, {
27        'Location': 'http://127.0.0.1:3000/'
28      })
29      res.end()
30    })
31
32  }
```

上述代码中，formidable 包的使用是手册规定的固定写法，读者只需将字段替换即可。

添加一条测试数据，如图 8-11 所示。

图 8-11　添加音乐

单击"点击添加"按钮，提交数据，如图 8-12 所示。

图 8-12　添加成功

8.2.5　删除歌曲

删除操作是在首页中进行的，因为删除是针对某一条数据进行操作，所以需要获取到该条数据的唯一标识 id，并将 id 作为参数传入处理函数中。获取 id 并传入参数的代码如下：

```
remove?id=<%= music.id %>
```

上述代码出自 index.html，在路径中用 "?" 可带参数，如果有多个参数，用 "&" 符号连接多个参数。

在 music.js 中添加函数：

```
exports.doRemove = function(req, res) {
  // 获取查询字符串中的 id
  var id = req.query.id
  var music_index = 0
    // 通过该 id 找到数组中的该项
  storage.forEach(function(item, index) {
     if(item.id == id) {
       music_index = index
     }
  })
    // 然后进行真正的删除操作，根据索引下标进行删除
  storage.splice(music_index, 1)
  res.writeHead(302, {
    'Location': 'http://127.0.0.1:3000/'
  })
  res.end()
}
```

删掉 8.2.4 节中添加的测试数据，结果如图 8-13 所示。

图 8-13   删除数据

8.2.6   编辑歌曲

与删除歌曲功能类似，编辑歌曲也需要获取数据的 id，这里不再赘述。显示编辑歌曲的页面为 edit.html。

edit.html：

```
33  <!DOCTYPE html>
34  <html lang="en">
35  <head>
36    <meta charset="UTF-8">
37    <title>Document</title>
38    <link rel="stylesheet"
39     href="node_modules/bootstrap/dist/css/bootstrap.css">
40  </head>
41  <body>
42    <div class="container">
43      <div class="page-header">
44        <h1><a href="/">我的音乐 </a> <small><%= title %></small></h1>
45      </div>
46      <form action="/edit?id=<%= music.id %>" method="post">
47        <div class="form-group">
48          <label for="title"> 标题 </label>
49          <input type="text" class="form-control" id="title" name=
              "title"placeholder=" 请输入音乐标题 " value="<%= music.title %>">
50        </div>
51        <div class="form-group">
52          <label for="artist"> 歌手 </label>
53          <input type="text" class="form-control" id="artist" name=
              "singer" placeholder=" 请输入歌手名称 " value="<%= music.singer %>">
54        </div>
55        <button type="submit" class="btn btn-success"> 确定修改 </button>
56      </form>
57    </div>
```

```
58  </body>
59  </html>
```

在 music.js 中编辑 showEdit 函数，代码如下所示：

```
exports.showEdit = function(req, res) {
  var id = req.query.id
  var music = {}
    // 根据 id 查询出该 id 在数组中对应的项
  storage.forEach(function(item, index) {
    if(item.id == id) {
      music = item
    }
  })
  res.render('edit', {
    title: '编辑音乐',
    music: music
  })
}
```

单击最后一条数据后面的"修改"，进入修改页面，如图 8-14 所示。

图 8-14　编辑音乐

从图 8-14 中可以看出，编辑音乐页面可以读出该条数据并显示在页面上。页面完成后，需要在 music.js 中编写编辑音乐的函数 doEdit。代码如下：

```
exports.doEdit = function(req, res) {
  console.log('doedit 被执行了')
  var id = req.query.id
    // 获取用户提交的数据
  var data = ''
  req.on('data', function(chunk) {
    data += chunk
  })
```

```
  req.on('end', function() {
    var postBody = qstring.parse(data)
      // 根据 id 找到数据中该项的索引
      var music_index = 0
      storage.forEach(function (item, index) {
        if(item.id == id) {
          music_index = index
        }
      })
      storage[music_index].title = postBody.title
      storage[music_index].singer = postBody.singer
      res.writeHead(302, {
        'Location': 'http://127.0.0.1:3000/'
      })
      res.end()
  })
}
```

修改标题和歌手，单击"确定修改"按钮，效果如图 8-15 和图 8-16 所示。

图 8-15 编辑音乐

图 8-16 修改结果

在 doEdit 函数中，首先获取用户提交的数据，然后根据 id 找到数据中该项的索引，用提交的新数据更新该索引下的那条数据。

 # 小　　结

本章主要带领大家练习了音乐文件后台管理系统中，对于音乐数据进行增删改查的操作。

首先，为了保证项目的流畅运行，本章在项目初始化小节，做了很多模块封装。程序会先进入到 app.js，在 app.js 中开启服务。然后，进入路由模块 router.js 中，为了保证页面可以获取到后台数据，在进入路由模块前，动态给 Response 对象加载了一个属性方法 render，render 方法是在 render.js 中封装的，可以通过模板引擎解析模板标记语法，即 <%=%> 中的后台数据。进入 router.js 中，可以将请求进行匹配和分发，送入到 music.js 中的具体处理函数。

项目初始化结束后，就可以进行功能模块的开发。需要注意的是在添加歌曲时用到了 formidable 包，该包用于处理表单中的文件上传。

本章结束后，读者可以根据自己的学习情况自行添加其他功能，如用户管理、会员信息等。

【习题】

请画一幅图描述本项目的各文件之间的业务关系。